U0225048

建筑工程细部节点做法与施工工艺图解丛书

钢结构工程细部节点做法与施工工艺图解

丛书主编：毛志兵

本书主编：戴立先

中国建筑工业出版社

图书在版编目（CIP）数据

钢结构工程细部节点做法与施工工艺图解/戴立先主编. —北京：中国建筑工业出版社，2018.7
（建筑工程细部节点做法与施工工艺图解丛书/丛书主编：毛志兵）
ISBN 978-7-112-22217-9

Ⅰ.①钢… Ⅱ.①戴… Ⅲ.①钢结构-工程施工-节点-细部设计-图解②钢结构-工程施工-图解 Ⅳ.①TU758.11-64

中国版本图书馆 CIP 数据核字（2018）第 102143 号

本书以通俗、易懂、简单、经济、实用为出发点，从节点图、实体照片、工艺说明三个方面解读工程节点做法。本书分为钢结构深化设计；钢结构制作；钢结构安装；钢结构测量；钢结构焊接；紧固件连接；涂装工程；安全防护共 8 章。提供了 200 多个常用细部节点做法，能够对项目基层管理岗位及操作层的实体操作及质量控制有所启发和帮助。

本书是一本实用性图书，可以作为监理单位、施工企业、一线管理人员及劳务操作层的培训教材。

责任编辑：张　磊
责任校对：芦欣甜

建筑工程细部节点做法与施工工艺图解丛书
钢结构工程细部节点做法与施工工艺图解
丛书主编：毛志兵
本书主编：戴立先

*

中国建筑工业出版社出版、发行（北京海淀三里河路 9 号）
各地新华书店、建筑书店经销
霸州市顺浩图文科技发展有限公司制版
河北鹏润印刷有限公司印刷

*

开本：850×1168 毫米　1/32　印张：9¾　字数：260 千字
2018 年 8 月第一版　2018 年 8 月第一次印刷
定价：**32.00** 元
ISBN 978-7-112-22217-9
（32063）

编写委员会

主　　编：毛志兵

副 主 编：（按姓氏笔画排序）

冯　跃　刘　杨　刘明生　李　明　杨健康

吴　飞　吴克辛　张云富　张太清　张可文

张晋勋　欧亚明　金　睿　赵福明　郝玉柱

彭明祥　戴立先

审定委员会

（按姓氏笔画排序）

马荣全　王　伟　王存贵　王美华　王清训　冯世伟

曲　惠　刘新玉　孙振声　李景芳　杨　煜　杨嗣信

吴月华　汪道金　张　涛　张　琨　张　磊　胡正华

姚金满　高本礼　鲁开明　薛永武

审定人员分工

《地基基础工程细部节点做法与施工工艺图解》

    中国建筑第六工程局有限公司顾问总工程师：王存贵

    上海建工集团股份有限公司副总工程师：王美华

《钢筋混凝土结构工程细部节点做法与施工工艺图解》

    中国建筑股份有限公司科技部原总经理：孙振声

    中国建筑股份有限公司技术中心总工程师：李景芳

    中国建筑一局集团建设发展有限公司副总经理：冯世伟

    南京建工集团有限公司总工程师：鲁开明

《钢结构工程细部节点做法与施工工艺图解》

    中国建筑第三工程局有限公司总工程师：张琨

    中国建筑第八工程局有限公司原总工程师：马荣全

    中铁建工集团有限公司总工程师：杨煜

    浙江中南建设集团有限公司总工程师：姚金满

《砌体工程细部节点做法与施工工艺图解》

    原北京市人民政府顾问：杨嗣信

    山西建设投资集团有限公司顾问总工程师：高本礼

    陕西建工集团有限公司原总工程师：薛永武

《防水、保温及屋面工程细部节点做法与施工工艺图解》

    中国建筑业协会建筑防水分会专家委员会主任：曲惠

    吉林建工集团有限公司总工程师：王伟

《装饰装修工程细部节点做法与施工工艺图解》

中国建筑装饰集团有限公司总工程师：张涛

温州建设集团有限公司总工程师：胡正华

《安全文明、绿色施工细部节点做法与施工工艺图解》

中国新兴建设集团有限公司原总工程师：汪道金

中国华西企业有限公司原总工程师：刘新玉

《建筑电气工程细部节点做法与施工工艺图解》

中国建筑一局（集团）有限公司原总工程师：吴月华

《建筑智能化工程细部节点做法与施工工艺图解》

《给水排水工程细部节点做法与施工工艺图解》

《通风空调工程细部节点做法与施工工艺图解》

中国安装协会首席专家：王清训

本书编委会

主编单位：中建钢构有限公司

参编单位：中建钢构江苏有限公司

中建钢构武汉有限公司

中建钢构四川有限公司

中建钢构天津有限公司

中建钢构广东有限公司

主　　编：戴立先

副 主 编：朱邵辉　陈振明　孙　朋

编写人员：隋小东　李立洪　周鹏熙　李　劲　于吉圣

刘　奔　陈　刚　周　鹏　王　川　孟祥冲

王　博　彭　湃　汪晓阳　王　聪　李宏伟

何　平　李大壮　栾公峰　张　欣　张　贺

张　弦　张庆远　李松茂　罗　立　王　超

杨　斐　孙清华　杨高阳　任小峰　慈龙胜

周焱平　樊　林　李保园　黄　敏　周林超

薛　韧　李龙飞　赵　伟　喻祥发　黄航斌

吴　曦　孙　瑞

丛 书 前 言

过去的 30 年，是我国建筑业高速发展的 30 年，也是从业人员数量井喷的 30 年，不可避免的出现专业素质参差不齐，管理和建造水平亟待提高的问题。

随着国家经济形势与发展方向的变化，一方面建筑业从粗放发展模式向精细化发展模式转变，过去以数量增长为主的方式不能提供行业发展的动力，需要朝品质提升、精益建造方向迈进，对从业人员的专业水准提出更高的要求；另一方面，建筑业也正由施工总承包向工程总承包转变，不仅施工技术人员，整个产业链上的工程设计、建设监理、运营维护等项目管理人员均需要夯实专业基础和提高技术水平。

特别是近几年，施工技术得到了突飞猛进的发展，完成了一批"高、大、精、尖"项目，新结构、新材料、新工艺、新技术不断涌现，但不同地域、不同企业间发展不均衡的矛盾仍然比较突出。

为了促进全行业施工技术发展及施工操作水平的整体提升，我们组织业界有代表性的大型建筑集团的相关专家学者共同编写了《建筑工程细部节点做法与施工工艺图解丛书》，梳理经过业界检验的通用标准和细部节点，使过去的成功经验得到传承与发扬；同时收录相关部委推广与推荐的创优做法，以引领和提高行业的整体水平。在形式上，以通俗易懂、经济实用为出发点，从节点构造、实体照片（BIM 模拟）、工艺要点等几个方面，解读工程节点做法与施工工艺。最后，邀请业界顶尖专家审稿，确保本丛书在专业上的严谨性、技术上的科学性和内容上的先进性。使本丛书可供广大一线施工操作人员学习研究、设计监理人员作业的参考、项目管理人员工作的借鉴。

本丛书作为一本实用性的工具书，按不同专业提供了业界实践后常用的细部节点做法，可以作为设计单位、监理单位、施工企业、一线管理人员及劳务操作层的培训教材，希望对项目各参建方的操作实践及品质控制有所启发和帮助。

本丛书虽经过长时间准备、多次研讨与审查、修改，仍难免存在疏漏与不足之处。恳请广大读者提出宝贵意见，以便进一步修改完善。

丛书主编：毛志兵

本 册 前 言

随着科学技术飞速发展，建筑行业日新月异，建筑技术水平不断提高。钢结构因其自重轻、强度大，在超高层建筑、大跨度建筑、工业厂房、塔桅结构、可拆卸结构及要求自重轻的结构等领域被广泛应用。同时，钢结构施工的管理人员和技术人员的队伍日益壮大，广大钢结构施工第一线的管理人员和技术人员迫切需要一本通俗易懂、经济适用的专业书籍提升自己。

为加强企业的基层业务建设，提高技术管理素质，指导现场施工，促进技术进步，进一步提高钢结构工程质量，我们根据多年来的管理实践与施工经验组织编写了本书，该书是一本便于携带、知识面广、图文并茂的专业书籍，从节点图、实体照片、工艺说明三个方面解读钢结构工程节点做法。

本书基于已建、在建且具有代表性的钢结构项目施工实例，结合国内钢结构施工的最新成果和现行有关规范规程进行编写，由钢结构深化设计、钢结构制作、钢结构安装、钢结构测量、钢结构焊接、紧固件连接、涂装工程、安全防护八章组成，基本涵盖钢结构工程中的关键施工工艺与制造厂和施工现场安全防护做法，能够对项目基层管理岗位及操作层实体操作的质量控制给予很大的启发和帮助。

中国建筑第三工程局有限公司总工程师张琨、中国建筑第八工程局有限公司原总工程师马荣全、中铁建工集团有限公司总工程师杨煜、浙江中南建设集团有限公司总工程师姚金满几位专家对本书内容进行了审核，作者所在单位的领导和周围同志也给予了热情帮助和支持，在此我们表示衷心感谢！

由于时间仓促，作者水平有限，本书难免有不妥之处，恳请同行和读者批评指正，以便未来不断完善。欢迎来信交流，共同提高，意见或建议可发电子邮件至 hfutsunpeng@163.com。

目　　录

第一章　钢结构深化设计

第一节　结构分段工艺

010101　常规钢柱分段

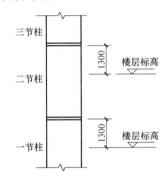

常规钢柱分段示意图

常规钢柱施工现场图

　　设计说明：钢柱分段位置宜在截面内力较小处，并有利于现场施工作业，尽量避免仰焊。钢柱分段位置通常位于框架梁顶面以上1.3m左右。钢柱分段后的尺寸、重量不应超过构件运输条件限制和现场起重设备的起重能力。

010102 多腔体钢柱分段

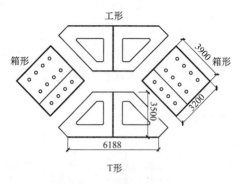

多腔体钢柱截面示意图

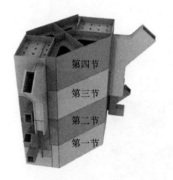

多腔体钢柱分段模型图

多腔体钢柱施工现场图

设计说明：水平分段主要考虑尽量使所拆分的部件均为较小的常规的 H 形、T 形、箱形截面，竖向分段原则与常规钢柱一致，宜在截面内力较小处，并有利于现场施工作业，避免仰焊。钢柱分段位置通常位于框架梁顶面以上 1.3m 左右。

010103　钢梁分段

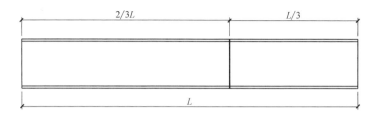

钢梁分段示意图

钢梁施工现场图

设计说明：钢梁分段位置宜在截面内力较小处，并有利于现场施工作业，一般分段位置位于跨度的1/3处。分段后的尺寸、重量不应超过构件运输条件和现场起重设备的起重能力。

010104　超高层钢桁架分段

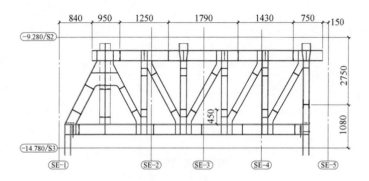

超高层钢桁架分段示意图

超高层钢桁架施工现场图

> 设计说明：超高层钢桁架分段有两种：一是整榀分段，钢桁架分段后未超过运输条件，且满足现场吊装设备性能要求；二是高空散拼，若钢桁架分段后仍超过运输条件或现场吊装设备性能要求时，将桁架上下弦杆和腹杆作为小拼单元或散件在设计位置进行总拼。

010105 屋盖钢桁架分段

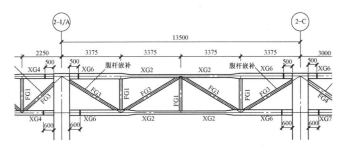

屋盖钢桁架分段示意图

屋盖钢桁架施工现场图

设计说明：屋盖钢桁架结构的分段，应综合考虑桁架的材料采购、加工制作、运输、工地安装等特点。分段的断开点应尽量设在结构受力较小的位置。分段重量不能超出起重机的提升能力。分段的外形尺寸需适应运输的要求。每片钢桁架分段都应有足够多的绑扎位置，一般设在刚度大，便于调节索具的节点附近。分段的划分也要考虑钢桁架分段间的相互影响。

010106　屋盖钢桁架分段实例

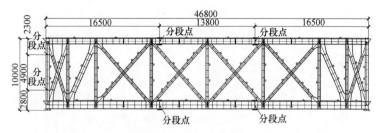

珠海两馆中央大厅桁架分段图

珠海两馆中央大厅钢桁架施工现场图

施工要点：（1）构件出厂前要求工厂预拼装，确保牛腿角度精准；（2）根据现场实际条件，选择单榀卧拼后吊装或者原位立拼方案；（3）拼装时应按设计要求起拱；（4）拼装后调整完误差，采用合理的焊接顺序焊接；（5）卸载应制定专门卸载方案，卸载过程实时监测，确保变形在可控范围。

010107　屋盖网架（壳）分段

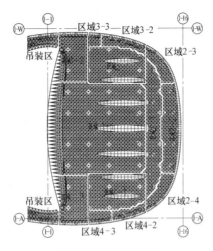

屋盖网架分区示意图

分片吊装施工现场图

整体提升施工现场图

　　设计说明：屋盖网架（壳）分段应结合施工方案、设备性能、运输条件等进行吊装单元分片或提升区域划分，划分单元尽可能对称且分段位置尽量选择受力较小的部位。吊点或提升点应设置在节点上，当采用提升方案时，提升设备的支承点尽量设置在主体结构上，相邻吊装（提升）区之间杆件嵌补应预留一定长度用于现场误差调节。

010108 屋盖网架（壳）分段实例

海花岛双塔酒店工程网壳分段示意图

海花岛双塔酒店工程现场吊装图

施工要点：（1）根据现场情况制定合理的安装方案；（2）合理划分吊装单元及嵌补段；（3）吊耳设置应合理，钢丝绳交汇点尽量置于吊装单元重心；（4）采用合理的施焊顺序，减少焊接变形及焊接应力的产生；（5）编制合理的卸载方案，卸载过程实时监测变形，确保卸载过程安全。

010109　钢板剪力墙分段

3节	6节	3节	6节	3节
	5节		5节	
2节	4节	2节	4节	2节
	3节		3节	
1节	2节	1节	2节	1节
	1节		1节	

B1(−9.100)
B2(−14.100)
B3(−17.600)
B4(−21.100)
B5(−24.600)
B6(−28.100)
B7(−31.300)

钢板剪力墙分段示意图

钢板剪力墙施工现场图

设计说明：钢板剪力墙宜与钢暗柱、钢暗梁连成一体来增强钢板刚度，现场对接焊缝宜采用横向对接焊，其分段尺寸宜在轧制钢板板幅限制范围内。钢板剪力墙分段后的尺寸、重量不应超过构件运输条件限制和现场起重设备的起重能力。

010110 钢板剪力墙分段实例

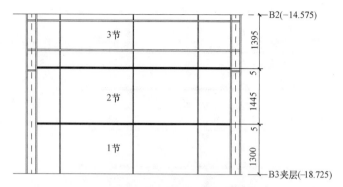

长沙国金地下室钢板剪力墙分段示意图

长沙国金地下室钢板墙施工现场图

施工要点：钢板剪力墙分段位置宜从楼面往上1～1.3m，对接缝尽量水平设置，避免现场立焊，如果出现立缝，尽可能优化为螺栓连接。现场焊接时，选择合理的焊接顺序减少变形。

010111　钢筋桁架板分段

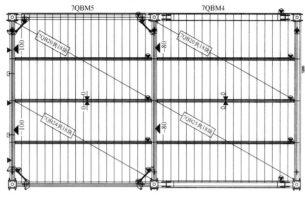

钢筋桁架板排版图

钢筋桁架板施工现场图

设计说明：钢筋桁架分段应结合运输条件及现场起重能力在有主次梁的位置进行分段，其最大长度宜≤12m，其宽度方向根据楼承板具体型号确定。

第二节 临时措施设计

010201 H形钢柱施工临时措施

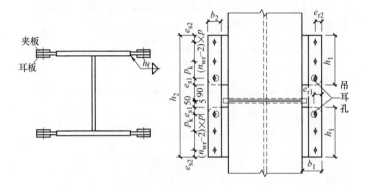

H形钢柱施工临时措施示意图

H形钢柱施工临时措施现场图

设计说明：钢柱现场连接临时措施所用耳板兼做吊装用耳板，当耳板厚度与钢柱翼缘厚度差小于角焊缝焊脚高度要求时，采用熔透焊缝。

010202　箱形钢柱施工临时措施

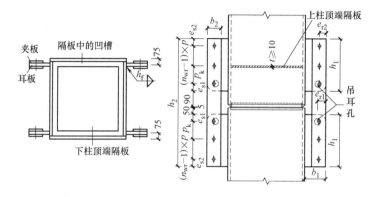

箱形钢柱施工临时措施示意图

箱形钢柱施工临时措施现场图

设计说明：钢柱现场连接临时措施所用耳板兼做吊装用耳板，耳板设置方向需考虑是否与现场钢柱周围其他施工措施相碰及施工可操作性，同时考虑与钢柱本体焊缝重合问题，尽量与钢柱翼缘面焊接，避免焊缝重叠问题。

010203　圆管钢柱施工临时措施

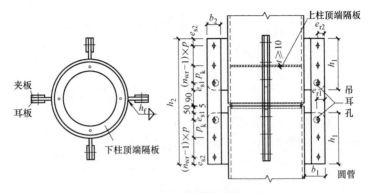

钢柱施工临时措施示意图

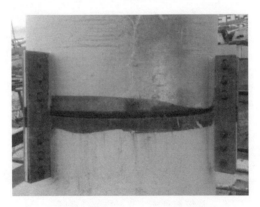

圆管钢柱施工临时措施现场图

设计说明：圆管直径≤400mm 时可采用三点式临时措施，耳板吊装孔径需大于现场卸扣销轴直径。

010204 十字形钢柱施工临时措施

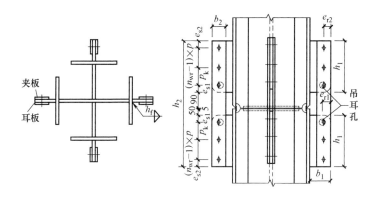

十字形钢柱施工临时措施示意图

十字形钢柱施工临时措施现场图

设计说明：钢柱现场连接临时措施所用耳板兼做吊装用耳板，耳板吊装孔径需大于现场卸扣销轴直径。

010205 H形钢梁施工临时措施（码板式）

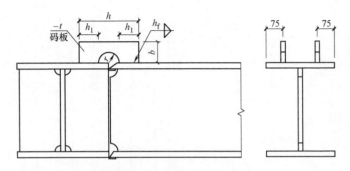

H形钢梁施工临时措施示意图（码板式）

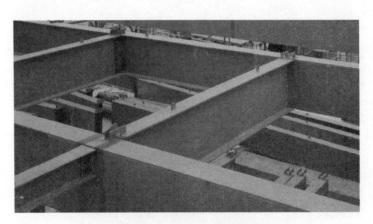

H形钢梁施工临时施工现场图（码板式）

　　设计说明：钢梁重量＜2t，翼缘宽度＜250，H形钢梁翼缘上方宜采用1块码板进行现场连接，码板仅与后装的钢梁焊接，安装时起到固定作用，就位后再与先安装的钢梁翼缘进行焊接固定，待钢梁焊接完毕后切除码板进行打磨补漆。

010206 H形钢梁施工临时措施（连接板式）

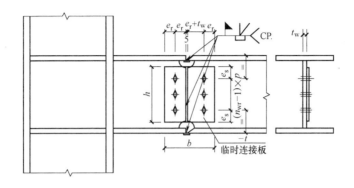

H形钢梁施工临时措施示意图（连接板式）

H形钢梁施工临时施工现场图（连接板式）

设计说明：临时连接板不仅起到安装定位固定作用，当钢梁腹板焊接时，还起到焊接衬垫板作用。

010207 箱形钢梁施工临时措施（码板式）

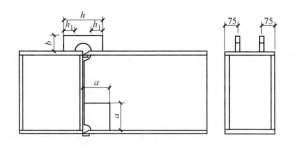

箱形钢梁施工临时措施示意图（码板式）

箱形钢梁施工临时施工现场图（码板式）

设计说明：钢梁重量＜2t 且翼缘宽度≤250mm 时可采用单码板形式连接，当梁翼缘厚度不大于 30mm 时，过焊孔半径宜取 35mm；当梁翼缘厚度大于 30mm 且不大于 40mm 时，过焊孔半径取宜 45mm，其他情况根据工艺要求另行考虑。

010208 箱形钢梁施工临时措施（连接板式）

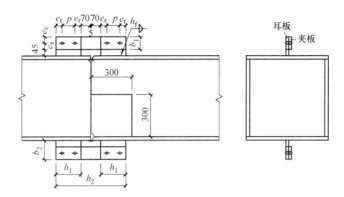

箱形钢梁施工临时措施示意图（连接板式）

箱形钢梁施工临时施工现场图（连接板式）

设计说明：当箱形梁翼缘宽度＞400mm时，翼缘上方宜采用双耳板形式连接，为避免下翼缘焊缝仰焊，宜在钢梁下方开300×300手孔进行焊接。一般水平或倾斜度较小的梁构件不宜采用此种措施。

010209　H 形钢梁施工临时措施（吊装孔）

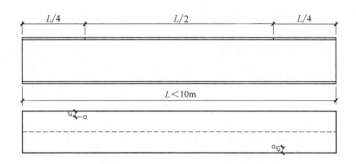

H 形钢梁施工临时措施示意图（吊装孔）

H 形钢梁施工临时措施现场图（吊装孔）

设计说明：当钢梁重量＜4t，可采用翼缘开孔用于吊装，注意吊装孔直径要大于吊装用锁扣直径，采用临时吊装孔免去临时措施切割打磨补漆环节，提高施工效率。

010210 H形钢梁施工临时措施（吊耳）

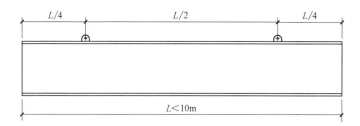

H形钢梁施工临时措施（吊耳）示意图

H形钢梁施工临时措施（吊耳）现场图

设计说明：钢梁重量≥4t宜采用吊耳进行吊装，对于较重构件宜采用熔透焊缝。其他截面形式钢梁吊耳设置可参考H形钢的设置形式及相应数据。

第三节 节点设计

010301 柱脚节点

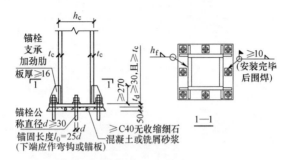

柱脚节点示意图

柱脚节点现场图

设计说明：柱脚节点分为铰接连接柱脚和刚性固定连接柱脚两种。柱脚底板上锚栓孔径宜取锚栓直径加5～10mm；锚栓垫板的锚栓孔径，取锚栓直径加2mm。锚栓垫板与柱底板现场应焊接固定，螺母与锚栓垫板也应进行点焊。

010302 梁与柱刚性连接节点

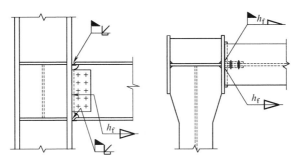

梁与柱刚性连接节点示意图

梁与柱刚性连接节点现场图

设计说明：国内梁与柱刚接连接节点通常采用翼缘焊接、腹板螺栓连接的栓焊连接节点形式或翼缘、腹板全焊接的连接节点形式。梁与柱刚接连接节点应能承受节点处的弯矩、剪力和轴力作用。梁翼缘与柱翼缘间采用全熔透焊缝；梁腹板（连接板）与柱的连接焊缝，当板厚小于16mm时，采用双面角焊缝，当板厚不小于16mm时，采用K形坡口焊缝。当有抗震设防时，按有关规范设计，节点承载力应大于杆件承载力。

010303　钢筋连接节点构造——搭筋板连接

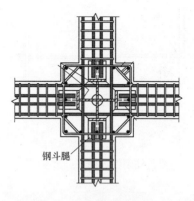

钢斗腿

常规钢筋搭接板示意图

常规钢筋搭接板现场图

> 设计说明：该连接方式是在混凝土梁上下主筋对应钢柱的位置设置搭筋板，将钢筋焊在该搭筋板上。该连接方式能较好地应对钢筋偏差的影响，有效连接率高，易于工程变更。缺点是由于钢板的外伸，迫使箍筋使用开口箍形式，箍筋绑扎时间延长，钢筋现场焊接量大。

010304 钢筋连接节点构造——穿孔连接

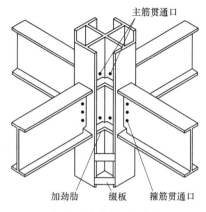

常规穿孔连接示意图

常规穿孔连接现场图

设计说明：在混凝土梁上下主筋对应钢柱的位置，在柱身上开孔，使钢筋贯穿钢柱截面。这种连接方式主筋不用断开，制作时组拼零件较少，有利于结构安全。缺点是钢构件开孔较多，对钢柱定位精度和现场钢筋的绑扎精度要求较高，受施工误差的影响经常出现现场扩孔修改，对钢构件承载力造成不利影响。

010305 钢筋连接节点构造——钢筋套筒连接

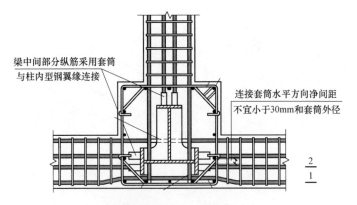

梁中间部分纵筋采用套筒
与柱内型钢翼缘连接

连接套筒水平方向净间距
不宜小于30mm和套筒外径

常规钢筋套筒连接示意图

常规钢筋套筒连接现图

设计说明：即在混凝土梁上下主筋对应钢柱的位置设置钢筋接驳器，用于钢筋与钢柱连接。这种连接方式快捷，不占用柱立筋及箍筋位置，能够很好解决钢梁采用双排筋或三排筋时钢筋与钢柱的连接；缺点是易受钢筋施工偏差的影响，有效连接率较低，容易变形，内丝扣易受焊接飞溅物粘连影响，导致现场钢筋无法拧入钢筋接驳器。

010306 钢梁腹板开孔补强——圆孔

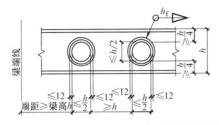

梁腹板开孔-圆孔（环形加劲肋）补强示意图

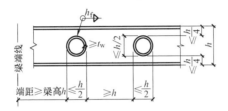

梁腹板开孔-圆孔（套管）补强示意图

梁腹板开孔（圆孔）补强现场图

设计说明：开孔位置宜设置在沿梁长方向的弯矩较小处，孔端距、间距等须符合要求。补强板厚度不小于20mm时，宜采用部分熔透焊缝。套管补强的，应结合运输条件考虑套管长度。考虑模板安装，套管长度宜采用负公差制作。

010307 钢梁腹板开孔补强——方孔

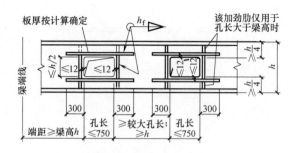

梁腹板矩形孔口的补强措施
(用加劲肋补强)

梁腹板开孔(方孔)补强示意图

梁腹板开孔(方孔)补强现场图

设计说明:开孔位置宜设置在沿梁长方向的弯矩较小处,孔端距、间距等须符合要求。补强板厚度不小于20mm时,宜采用部分熔透焊缝。根据孔长与梁高的相对关系,决定上部和下部竖向加劲肋的设置与否。

第二章 钢结构制作

第一节 原材料及成品进场

020101 钢材标识

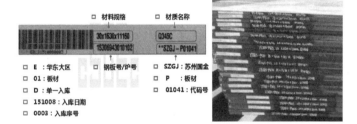

构件标识示意图　　　　构件标识现场图

序号	标准	颜色	
1	国标建钢	黑色	
2	国标桥梁	蓝色	
3	美标	黄色	
4	欧标	绿色	
5	澳标	白色	

工艺说明：钢材要标有项目编号、板材代码、截面规格、宽度、长度、炉批号和材质等级，并由仓储部粘贴条形码标签，便于材料追溯。原材料标识标在侧面或者其他易于检查的位置，并根据项目适用的标准采用不同颜色来识别和区分不同材料。

020102 原材验收、取样

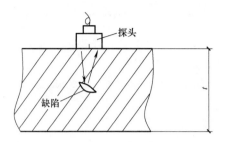

原材料验收、取样示意图

原材料验收、取样现场图

工艺说明：钢板材质、尺寸、规格、数量与送货单核对后进行探伤检测。焊材、栓钉、油漆等进厂后应对材质书、材质、外观、规格进行验收并填写验收记录。进厂各类材料应严格按照《钢结构工程施工规范》GB 50755—2012见证取样。

020103　原材验收、取样实例

深圳平安中心钢板取样示意图

深圳平安中心钢板取样现场图

　　施工案例说明：深圳平安金融中心项目钢材取样，应在钢板宽度1/4处切取试验样坯。对于纵轧钢板，当产品标准没有规定取样方向时，应在钢板宽度1/4处切取横向样坯，如钢板宽度不足，样坯中心可以内移，对有Z向要求的切割一块"规格为110mm×400mm"的试样板；对无Z向要求的切割一块"规格为110mm×355mm"的试样板。另外，取样位置与工艺排版有冲突时，按照工艺排版图取样。

020104　原材料检测

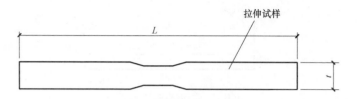

原材料检测示意图

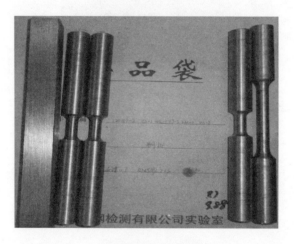

原材料检测实物图

工艺说明：钢材、辅材进场后联系监理方见证取样，取样后按照规范加工成标准样品，进行相应材料复验工作，复验批次应符合《钢结构工程施工规范》GB 50755—2012 要求。材料应满足相应产品规范要求。

020105 钢材堆放

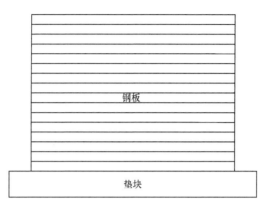

钢板堆放示意图

钢板对方现场图

工艺说明：钢材堆放需按照不同项目整齐堆放在一起，并在明显位置放置项目标识，便于发料时准确快速地找到钢板。

020106 材料倒运

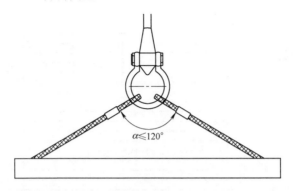

材料倒运示意图

材料倒运现场图

工艺说明：仓储部根据领料单内容找到对应材料堆放位置，并清点材料，包括材料的材质、规格和数量等，并根据材料规格、重量，选择合适的起重设备及运输工具。吊运时优先使用磁性吊具，减少板材变形。材料堆放时不得过高、过密，要牢固可靠，并做好防倒、防滑、防滚措施。

020107 钢材预处理

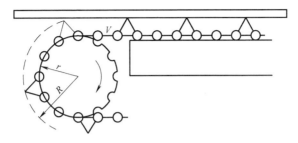

钢材预处理输送示意图

钢材预处理现场图

工艺说明：预处理前检查钢材的炉批号、材质、规格并做好记录。预处理采用的金属磨料（钢丸、钢丝切丸）直径为 φ0.8～φ1.2mm，钢丸钢丝的配比为 8.5：1.5。抛丸清理速度一般为：2～2.5m/min。表面需要达到 SSPC SP-10 或 SIS Sa2.5 的标准，表面粗糙度为 40～75μm。车间底漆的干膜厚度为 15μm。

第二节 零件及部件加工

020201 排版工艺

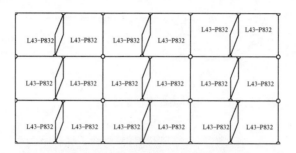

排版工艺示意图

排版工艺参数设置

> 工艺说明：根据材料计划选取合适的钢板，大件排版要注意同宽度零件在一条直线上，对接长度须满足规范要求；小件排版要注意切割顺序是否合理，零件是否可双枪或者共边切割，程序代码是否正确等。

020202　排版工艺实例

44NC-TB-T3-1-B255	44NC-TC-T2-1-B522
44NC-TD-T2-1-B255	44NC-TD-T5-1-B522
44NC-TB-T4-1-B522	44NC-TC-T5-1-B255
44NC-TE-T4-1-B255	44NC-TE-T3-1-B522

深圳平安排版示意图

深圳平安试切割现场图

> 施工案例说明：深圳平安金融中心项目150mm异形排版，在板边缘或割缝中起弧，避免穿孔，提高起割效率。根据排版图中程序号调入切割程序试切割，应密切关注过程中是否有不合理或错误的地方，并用卷尺测量试切割零件尺寸是否与工艺文件相近。试切割是切割厚板异形零件中不可或缺的工序，可以检查切割中的错误，减少不必要的损失。

020203 剪板机切割工艺

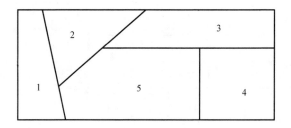

直线剪切顺序示意图

剪板机切割现场图

工艺说明：正式剪切前，应先用废料试剪，用量具检验，若有偏差应予以调整直至合格，方可批量剪切。窄条零件剪切后易产生扭曲，剪切后需矫平矫直。剪切边缘的飞边、毛刺等应清除干净，切口应平整，断口处不得有裂纹。

020204 火焰切割工艺

L151-CP1-7GKL-9-1H193Y
L151-CP1-7GKL-10-1H193Y
L151-CP1-7GKL-10-1H193Y
L151-CP1-7GKL-10-1H193Y
L151-CP1-7GKL-10-1H193Y
L151-CP1-7GKL-10-1H193Y

火焰切割零件排版示意图

火焰切割现场图

工艺说明：零件切割应根据割件厚度确定合理的切割参数。切割后零件尺寸偏差应满足规范要求，切割面应无裂纹、夹渣、分层和大于1mm的缺棱。检查合格后对零件进行标识，标识内容：工程名称、零件编号、规格、材质。

020205 火焰切割工艺实例

34-899
34-899
34-899

天津 117 桁架 100mm 板排版示意图

天津 117 桁架 100mm 板火焰切割现场图

施工案例说明：天津 117 加强桁架有 80mm、100mm 厚钢板，加强桁架弦杆、腹杆零件采用多头直条火焰切割机进行下料，零件放样与号料时应根据设计图纸及工艺要求加放焊接收缩余量、切割宽度留量等，所有杆件应尽量按最大长度下料，同时，为提高材料利用率，零件放样下料时应严格按照工艺部门提供的下料图进行。零件切割下料后，应在每一零件的明显部位标识零件编号。

020206　数控切割工艺

F36–p1012	F36–p1012	F36–p1012	F36–p1012
F36–p761	F36–p761	F36–p605	F36–p647

数控共边切割示意图

数控切割现场图

工艺说明：严格按照材料领用单领料，及时检查钢板材质、规格是否符合要求，并移植钢板炉批号至相应零件上。首件必须进行检验，检查偏差是否在允许范围之内，按照排版图进行零件编号标识。切割完成后，应及时清除飞溅、氧化铁、氧化皮，打磨干净后交予下一工序。

020207 数控切割工艺实例

44NC-TC-T5-1-B526	44NC-TE-T4-1-B523
44NC-TC-T5-1-B526	44NC-TE-T4-1-B523
44NC-TC-T3-1-B524	44NC-TB-T4-1-B524
44NC-TC-T3-1-B524	44NC-TB-T4-1-B524

深圳平安 150mm 数控切割示意图

深圳平安 150mm 数控切割现场图

施工案例说明：深圳平安金融中心项目 150mm 超厚板数控切割，采用 6 号割嘴进行切割，切割速度 125mm/min。调整钢板与机床轨道的平行度，并在钢板刚性固定于胎架，防止切割过程中产生较大偏移。因为 150mm 钢板穿孔十分困难，因此切割时所有零件避免穿孔，只能从钢板边缘及割缝处起割。切割中随时检查零件尺寸（切割中零件宽度＋3mm，长度＋1mm，冷却后宽度＋2mm，长度－1～0mm）。

020208　型钢切割工艺

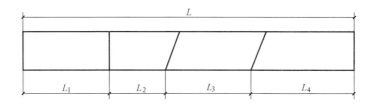

型钢切割示意图

型钢切割现场图

工艺说明：根据加工要求和带锯参数选择合适的锯条和正确的锯切条件（锯齿间距、锯条线速度和切割进给量）。首件锯切完后应进行检验，合格后方能继续工作。

020209 钢板对接工艺

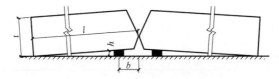

钢板对接前设置反变形示意图

钢板对接焊前反变形推荐值

板厚(mm)	最小对接板长 l(m)	b(mm)	h(mm)
$10 \leqslant t < 30$	$l < 1.5$	100	30
	$1.5 \leqslant l < 4$		40
	$l \geqslant 4$		50
$t \geqslant 30$	$l < 1.5$	150	45
	$1.5 \leqslant l < 4$		60
	$l \geqslant 4$		75

钢板对坡口形式示意图

　　工艺说明：钢板拼接前，应根据施工图及排版图要求核对钢板及坡口尺寸。当钢板版幅不够时，尽可能采用整板对接后再下料，拼接缝采用埋弧焊进行焊接。钢板对接，除了在焊接过程中控制焊接顺序外，一般在焊前设置反变形以减小焊后矫正工作量。

020210　卷管和校圆工艺

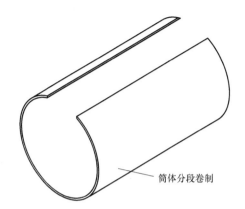

筒体分段卷制

卷管示意图

卷管现场图

　　工艺说明：卷制时采用渐进式卷制，不得强制成型。筒体卷制成型合格后方能进行直缝焊接。采用清根焊接时，先焊筒体内侧，再焊外侧焊缝。直缝焊完后用卷板机进行校圆，校圆时应控制上、下轴辊压力，保持压力得当，反复多次进行回圆，注意上辊进给量，防止出现裂纹及变形等现象。

020211 钢管组对工艺

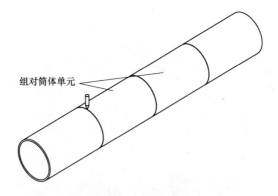

钢管组对工艺示意图

钢管组对现场图

工艺说明：钢管接长时每个节间宜为一个接头，必须按照工艺文件中的筒体节段对接图进行组对，相邻筒体直缝宜错开135°或180°且间距不得小于300mm，管口错边允许偏差为 $t/10$ 且不应大于 2mm，组对后筒体弯曲矢高不大于3.0mm。组对完成后检查组对质量，合格后方能进行环缝焊接。

020212　相贯线切割工艺

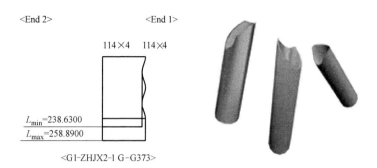

<End 2>　　　　<End 1>

114×4　　114×4

$L_{min}=238.6300$
$L_{max}=258.8900$

<G1-ZHJX2-1 G-G373>

相贯线切割贯口示意图

相贯线切割现场图

工艺说明：材料预处理后由专业人员操作机器进行相贯线切割，切割过程中不得随意停火，要及时清理氧化铁、氧化皮，修补缺陷，打磨干净后交予下一工序。钢管下料后应进行首件验收，按照《相贯线数控切割工艺表》进行逐个检查，首件检验公差合格后方可后续切割。

020213 相贯线切割工艺实例

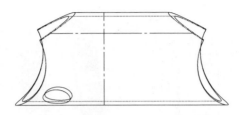

重庆国博相贯线贯口示意图

重庆国博相贯线贯口现场图

　　施工案例说明：重庆国博屋面桁架约 5000t，钢管最大截面为 800mm×40mm，大跨度桁架倾斜角度大于 60°的腹杆相贯线编程、贯口角度的保证难度大。根据相贯线编程数据进行排版并在码单中备注。编程时余料设置：为了方便现场安装，在编制相贯线过程中需要对桁架的腹杆采取负偏差处理。当腹杆壁厚≤10mm 时，每根杆件长度减少 6mm；当腹杆壁厚＞10mm 时，每根杆件长度减少 10mm。上下弦杆直管段按中心线长度进行下料，弯管段按中心线展开长度下料，不缩放余量。

020214　弯管作业工艺

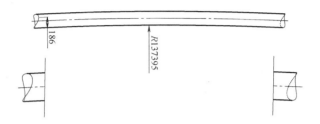

计算机辅助放样示意图

弯管作业现场图

工艺说明：采用计算机辅助放样给出弯曲管件中心坐标值，宜每500mm给出一个弯曲管件中心点X、Y、Z相坐标值，并根据管径、弯曲半径设计出弯曲工装和模型靠板。在满足机械冷弯条件下，应优先采用机械冷弯。弯制时，应密切注意过程进给量，控制顶弯力度。

020215 机械矫正

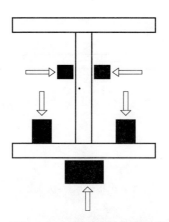

焊接 H 形钢翼缘板矫正示意图

机械矫正现场图

工艺说明：H 形钢翼板塌肩变形采用翼缘矫正机进行矫正。若变形较大，应分多次进行矫正，避免因一次矫正量过大，产生明显压痕或沟槽。矫正后，用角尺测量翼缘板矫正后的平直度，合格后换另一侧翼缘矫正。

020216 火焰矫正

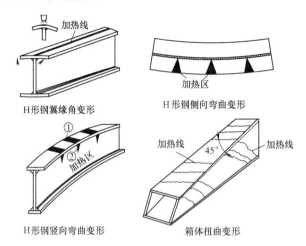

H形钢翼缘角变形 H形钢侧向弯曲变形

H形钢竖向弯曲变形 箱体扭曲变形

火焰矫正示意图

火焰矫正现场图

工艺说明：矫正时，可采用千斤顶等外力辅助矫正。应用火焰外焰加热，且枪嘴应在构件表面不停地摆动或画圈，不能长时间对着某一处加热，以免烧伤母材。使用测温笔或依据颜色来判断加热温度的高低。

020217 边缘加工

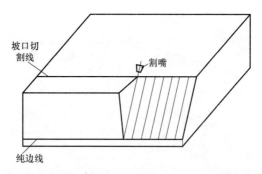

边缘加工示意图

边缘加工现场图

工艺说明：零部件的焊接坡口采用半自动火焰切割机进行加工，坡口面应无裂纹、夹渣、分层等缺陷，并对坡口面的割渣、毛刺等杂物打磨干净，露出良好金属光泽。坡口处应做好部分熔透与全熔透之间的平滑过渡。对于有较高要求的坡口或其他边缘加工，可采用铣边机进行加工。

020218　摇臂钻制孔工艺

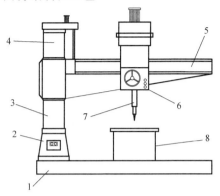

摇臂钻钻孔示意图

1—底座；2—内立柱；3、4—外立柱；
5—摇臂；6—主轴箱；7—主轴；8—工作台

摇臂钻钻孔现场图

工艺说明：同规格数块零件可叠加在一起钻，重叠零件的基准边必须在同一垂直面内。所有零件板钻孔后需进行首件检查，合格后方可大批量钻孔。当批量大，孔距精度要求较高时，宜采用钻模钻孔。螺栓孔孔壁粗糙度及精度应满足规范要求。

020219　数控钻床制孔工艺

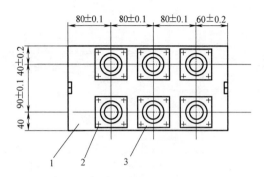

钻模使用示意图

1—模板；2—螺钉；3—钻套

数控钻床制孔现场图

　　工艺说明：数控钻孔时，应首先编好程序，空走试钻；首件钻完后应进行检验，合格后方能继续钻孔。可将同一规格数块零件叠加在一起钻，重叠零件的基准边必须在同一垂直面内。螺栓孔孔壁粗糙度及精度应满足规范要求。当批量大，孔距精度要求较高时，采用钻模钻孔。

020220 磁力钻制孔工艺

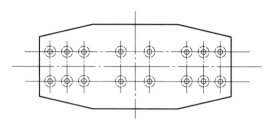

节点板钻模示意图

磁力钻制孔现场图

工艺说明：按零件放样图、构件详图完成孔的位置划线，必须有清晰的样冲标识并经检验合格。电机工作前，首先要校对好钻孔位置，然后再按下磁座开关，让磁座开始工作，再按下钻孔电机启动按钮，电机开始工作，停止工作的关机过程与此相反。当批量大，孔距精度要求较高时，采用钻模钻孔。

第三节 焊 接

020301 手工电弧焊

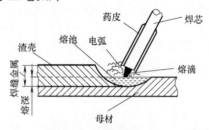

手工电弧焊示意图

手工电弧焊现场图

工艺说明：焊接过程中应保证焊接速度匀速稳定，焊接速度过快，熔池温度不够，易造成未焊透、未熔合、焊缝成型不良等缺陷。多层焊时应连续施焊，每一焊道焊接完成后应及时清理焊渣及表面飞溅物。焊接过程中应严格遵守规定的焊接工艺参数，并做好记录。

020302 CO₂ 气体保护焊

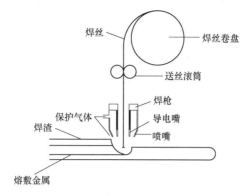

CO₂ 气体保护焊示意图

CO₂ 气体保护焊现场图

工艺说明：CO₂ 气体保护焊可用于全位置焊接。厚板焊接必须按规定做好焊前预热、层间温度控制、焊后热处理等工作。焊接速度增加时，焊缝的熔深、熔宽和余高均较小，焊接速度减小时，焊道变宽，易造成焊瘤缺陷。

020303 埋弧焊

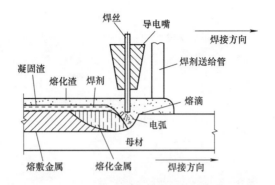

埋弧焊示意图

埋弧焊现场图

工艺说明：对于单丝埋弧焊，应注意焊接过程中焊丝对中焊缝，防止焊偏或咬边。对于双丝埋弧焊，应控制好双丝之间的距离，防止"拖渣"导致焊缝夹渣。控制好层道间的温度，静载结构焊接时，最大道间温度不宜超过250℃。

020304　埋弧焊实例

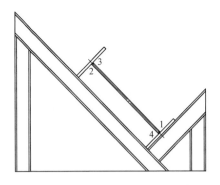

沈阳恒隆广场十字柱埋弧焊接示意图

沈阳恒隆广场十字柱埋弧焊接现场图

　　施工案例说明：沈阳市府恒隆广场大截面厚板十字柱，最大截面尺寸为＋2000×1000×60×60mm，为防止焊接时构件变形，需要在 H 形、T 形构件的对角线单侧装配三角支撑板件加固稳妥，支撑板件分布为每隔 2m 在 H 形内侧均布，焊接操作严格按焊接工艺规范要求进行，焊接采用 CO_2 焊打底、填充、埋弧焊盖面。选用焊丝、焊剂及焊接工艺参数。全熔透焊缝背面用碳弧气刨清根，打磨，确保焊缝的焊接质量要求。

020305 电渣焊

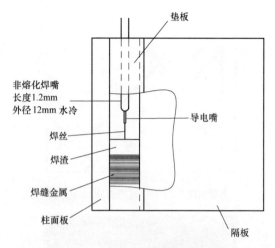

电渣焊示意图

电渣焊现场图

　　工艺说明：焊接启动时慢慢投入 35～50g 焊剂，焊接过程中逐渐减少焊剂添加量。采用反光镜观察渣池深度，以保持稳定的电渣过程。一旦发生漏渣，必须迅速降低送丝速度，并立即加入适量焊剂，以恢复到预定的渣池深度。

020306 电渣焊实例

天津国贸日字形斜电渣焊示意图

天津国贸日字形斜电渣焊现场图

施工案例说明：天津国贸项目字形柱截面较小〔BH：$510 \times 440 \times 60 \times 100$（$t = 30$）〕、板厚较大（$60 \sim 100$mm），平均每根柱有十几块电渣焊隔板，且内隔板四面为全熔透，其中一侧需电渣焊，电渣焊孔需要 100mm 厚钢板上开孔，多块隔板装配精度要求高，电渣焊焊接质量不易保证，日字形结构使用的钢板厚度在 50mm 以上的占较大比例。

020307 栓钉焊

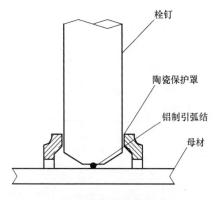

栓钉焊示意图

栓钉焊现场图

工艺说明：焊接用瓷环应保持干燥，如受潮应在焊前进行烘干，烘干温度为 120～150℃，保温 2h。待焊母材表面如存在水、氧化皮、锈蚀、非可焊涂层、油污、水泥灰渣等杂质，应清除干净。焊接作业应严格按焊接作业指导书参数要求执行。

020308　栓钉焊实例

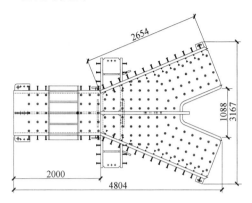

天津现代城人字柱栓钉示意图

天津现代城人字柱栓钉现场图

　　施工案例说明：天津现代城人字形组合柱上段柱为田字形截面，下段分岔柱为箱型截面，栓钉φ19×100，根据工艺文件要求和栓钉在图纸上的位置尺寸，对栓钉的位置进行划线。焊枪要与工作面四周成90°角，瓷环就位，焊枪夹住栓钉放入瓷环压实。扳动焊枪开关，电流通过引弧剂产生电弧，在控制时间内栓钉融化，随枪下压、回弹、弧断，焊接完成。

020309 焊接衬垫设置

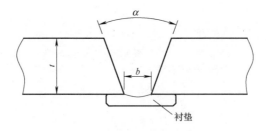

焊接衬垫设置示意图

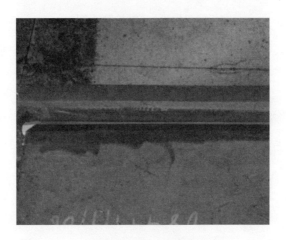

焊接衬垫设置现场图

工艺说明：钢衬垫应与接头母材金属贴合良好，若衬垫板为外露部位，衬垫板背面与连接件应进行通长连续焊接。若衬垫板位置隐蔽，应进行间断焊接。使用陶瓷衬垫时，应使衬垫与焊件贴紧贴牢，正面焊接完后剥落背面陶瓷，对局部超标的部位用补焊、打磨的方式进行修补。

020310　焊接衬垫设置实例

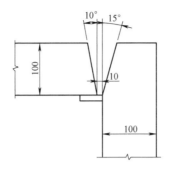

天津117加强桁架角接接头示意图

天津117加强桁架角接接头现场图

施工案例说明：天津117加强桁架本体（板厚80mm、100mm）角接接头，在满足设计要求的条件下，对焊缝尺寸给予优化，减少焊缝尺寸，采用防层状撕裂的坡口形式，由此达到减少母材厚度方向承受拉应力的目的。使用PL6×30mm钢衬垫，坡口内的衬垫不应有锈蚀、水分和油污等影响焊接质量的杂质。

020311　焊缝焊脚高度

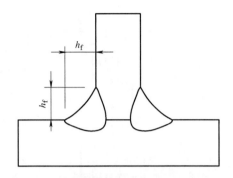

焊缝焊脚高度示意图

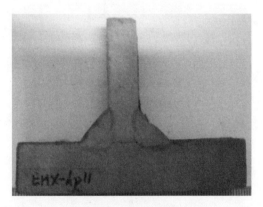

焊缝焊脚实物图

工艺说明：熔透、熔深焊缝，焊脚高度，设计未明确时，其尺寸不应小于 $t/4$（t 为焊接板厚）且不应大于 10mm，其允许偏差为 $0\sim+4$mm。

角焊缝按设计图纸施工，主要角焊缝焊脚高度允许偏差为 $0\sim+2$mm，其他角焊缝焊脚高度允许偏差为 $-1\sim+3$mm。

020312　过焊孔

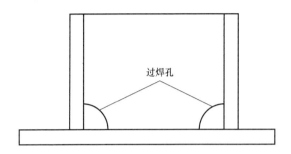

过焊孔示意图

过焊孔实物图

工艺说明：过焊孔需采用数控火焰、等离子、锁口机或半自动火焰等切割设备进行加工，过焊孔表面不得有氧化铁、毛刺等，表面应光滑、平整，外形尺寸符合工艺要求。

020313 引弧板、引出板

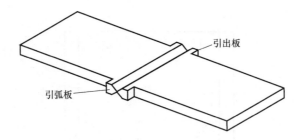

引弧板、引出板示意图

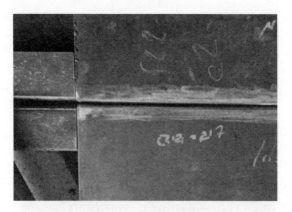

引弧板、引出板实物图

工艺说明：焊条电弧焊和气体保护电弧焊焊缝引弧板、引出板长度应大于25mm，埋弧焊引弧板、引出板长度应大于80mm。电渣焊使用铜制引熄弧块长度不应小于100mm，弧槽的深度不应小于50mm，引弧板和引出板宜采用火焰切割、碳弧气刨或机械等方法去除，不得伤及母材，严禁锤击去除引弧板和引出板。

第四节 构件组装工程

020401 H 型钢组立（定位焊）

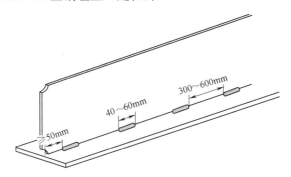

H 型钢组立定位焊示意图

H 型钢组立定位焊现场图

工艺说明：定位焊长度 40～60mm，焊缝最小厚度 3mm，最大不超过设计焊缝的 2/3，间距 300～600mm 且两端 50mm 处不得点焊。较短的构件定位焊不得少于两处。

020402　H型钢组立（翼腹板对接）

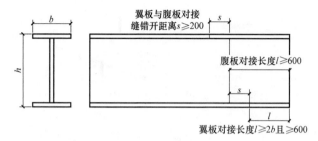

H型钢组立翼腹板对接示意图

H型钢组立现场图

工艺说明：焊接H型钢的翼缘板拼接缝和腹板拼接缝的间距不宜小于200mm。翼缘板拼接长度不宜小于2倍的板宽，且不应小于600mm；腹板的拼接宽度不应小于300mm，长度不应小于600mm。

020403 箱型内隔板组立

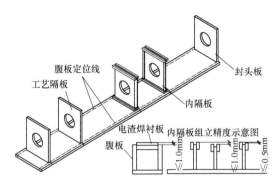

箱型内隔板组立示意图

箱型内隔板组立现场图

工艺说明：内隔板装配按照工艺要求点焊牢固，电渣焊衬板应高于腹板 0.5～1.0mm，与腹板顶紧。内隔板装配后，同一隔板的电渣焊衬板高差不得大于 0.5mm，相邻隔板间的衬板高差不大于 1.0mm。当隔板较密集时，应从中间向两侧逐步退装退焊。

020404　箱型内隔板组立实例

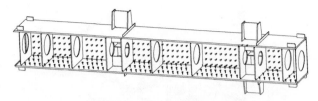

天津现代城箱型内隔板组立示意图

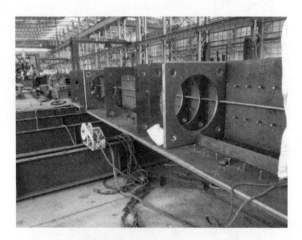

天津现代城箱型内隔板组立现场图

　　施工案例说明：天津现代城项目包括办公楼钢结构和酒店钢结构两部分。结构类型为核心筒-钢框架结构体系，办公楼外框柱为20根箱型截面，最大截面尺寸为1800mm×1600mm×55mm×55mm，随着楼层的增高，钢柱高度方向截面逐渐变小，在屋顶层其截面减为800mm×800mm×22mm×22mm。箱体内隔板全部为全熔透焊缝，且箱体内部设计了大量的纵向加劲肋及拉杆。内隔板与纵向加劲肋在U形组立后焊接，面板装焊后焊接内隔板最后一道焊缝。十字拉杆采用退装的方法安装。

020405　箱型组立

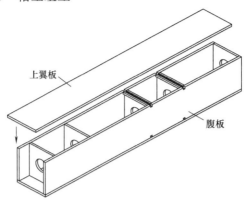

箱型组立示意图

箱型组立现场图

工艺说明：翼板与腹板之间的装配间隙除工艺文件特殊要求外，一般角焊缝的装配间隙 $\Delta \leqslant 0.75mm$，熔透和部分熔透焊缝的装配间隙 $\Delta \leqslant 2mm$，电渣焊隔板与面板的装配间隙不大于 $0.5mm$。上翼板组立前必须先对 U 形体的焊缝、内隔板位置与高差进行隐蔽检查，清理焊道内铁锈、毛刺、油污、杂物等。

020406 箱型组立实例

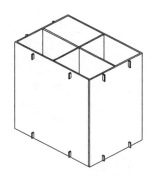

广州东塔箱体组立示意图

　　施工案例说明：广州东塔塔楼外框采用了巨型箱型柱，箱体截面净尺寸最大达到3400mm×4800mm，钢柱壁厚达到50mm，属超大型箱体，为保证巨型柱现场安装的精度，制作时对钢柱壁板的平整度以及钢柱的外形尺寸精度要求较高，将构件拆分成各个板单元，待板单元加工并检验合格后吊到总拼装胎架上进行组装加焊接以确保构件的加工精度。

020407　圆管柱筒体组立

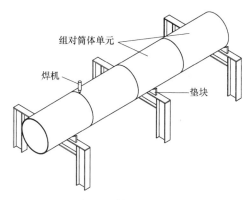

圆管柱筒体组立示意图

圆管柱筒体组立现场图

工艺说明：筒体组对在专用胎架上进行，大型圆管构件应在焊接滚轮胎架上进行，应确保胎架的精度和牢固，组对前应严格检查单节筒体质量。钢管接长时每个节间不得多于两个接头（卷制钢管除外），最短拼接长度 L 及相邻筒体纵向焊缝错开位置应满足规范要求。

020408 构件总装

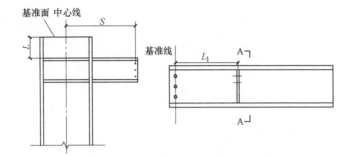

钢柱总装基准定位示意图　　　　钢梁总装基准定位示意图

构件总装现场图

工艺说明：根据工艺文件要求和各零部件在图纸上的位置尺寸，确定 H 型钢本体的长度和宽度方向的装配基准线。零部件装配时，应采取必要的加固与反变形措施，同时注意零部件装配顺序是否利于焊接操作，不得随意在本体上点焊。

020409 构件总装实例

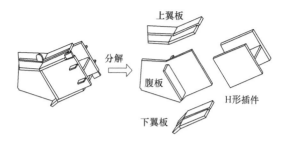

天津现代城牛腿总装示意图

天津现代城牛腿总装现场图

施工案例说明：天津现代城项目桁架区外框柱牛腿，板厚最大 80mm，空间狭小，焊接填充量较大。此牛腿可分解为上翼板、下翼板、腹板、H 形插件，制作方法分为两种：一是先焊接腹板与下翼板（下翼板采用双坡清根焊），然后焊接 H 形插件（采用衬垫焊朝上），最后焊接上翼板（采用衬垫焊朝上）；二是先焊接腹板与 H 形插件，再焊接上下翼板（上下翼板均采用衬垫朝外坡口）。

020410　构件端部加工

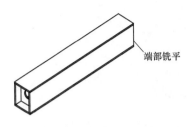

构件端部加工示意图

项目	允许偏差(mm)
两端铣平时构件长度	±2.0
两端铣平时零件长度	±0.5
铣平面的平面度	0.3
铣平面对轴线的垂直度	1/1500

端铣后的允许偏差

构件端部加工现场图

> 工艺说明：对于圆管类构件，装夹时必须从上面和侧面两个方向夹紧，以防加工过程构件窜动。对于特殊零件，需调整胎架高度使其端铣面垂直于水平面。端铣按照工艺文件要求进行，四面划出加工线，并注意控制进刀量外露铣平面必须做好防锈保护。

020411　无损检测

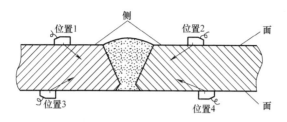

无损检测示意图

无损检测现场图

工艺说明：检测区域的宽度应是焊缝本身加上焊缝两侧各相当于母材厚度30％的一段区域，这个区域最小10mm，最大20mm。如果表面有涂层，涂层表面是非破损的，并且涂层厚度不超过50μm，则覆盖有非磁性薄涂层（底漆）的表面也可检测。

第五节 构件预拼装工程

020501 整体预拼装

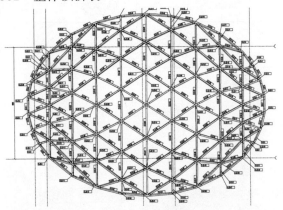

整体预拼装示意图

整体预拼装现场图

工艺说明：拼装过程中采用固定式胎架及辅助工装措施对构件进行固定，控制整体预拼装精度。复杂构件定位难度较大时可利用全站仪进行控制点测量及过程中相关数据复测等工作，并形成相关数据记录上报相关质检、监理等人员进行构件验收，合格后方可流入下道工序。

020502 整体预拼装实例

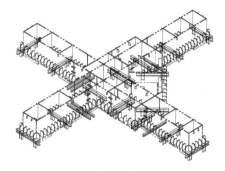

天津 117 巨柱预拼装示意图

天津 117 巨柱预拼装现场图

　　施工案例说明：天津 117（地下室）一节巨柱共 9 个单元，最大板厚 100mm，总重 385t，按胎架布置图尺寸要求进行放地样，保证胎架上方牙板处于同一平面，过程应借助全站仪等设备测量。预拼装前应认真检查各预拼单元尺寸（对接处开口距离、对角线尺寸、标高信息、构件编号等）。从中间往两边依放置各单元件，并对照地样调整位置，检测构件两侧壁板的垂直度、构件的标高以及平面定位尺寸等，单元与单元间的分段对接口及整体标高通过调节牙板及连接耳板进行调整。

020503 累计连续预拼装

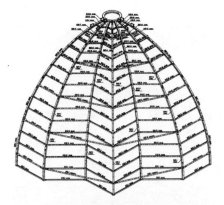

累计连续预拼装示意图

累计连续预拼装现场图

工艺说明：根据构件类型制定固定胎架或可移动式胎架，根据次序依次进行预拼，待本轮预拼后留下公共部分的构件参与后续构件预拼，直至结束。过程中必须采用全站仪对各构件的控制点进行测量和复测。

020504　累计连续预拼装实例

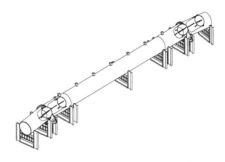

苏州体育中心累计连续预拼装示意图

苏州体育中心累计连续预拼装现场图

施工案例说明：苏州体育中心体育场屋盖共包括40根压环梁，最大规格PIP1500×60mm，长度均在19~20m之间，单根压环梁重量在30~42t之间。压环梁采用在胎架上累计循环拼装，按五榀一轮次进行拼装，拼装总长度达101m，宽度最大约14m。

020505 计算机辅助模拟预拼装

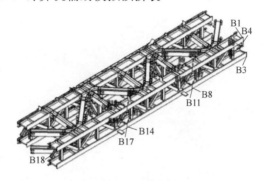

整榀桁架测量控制点示意图

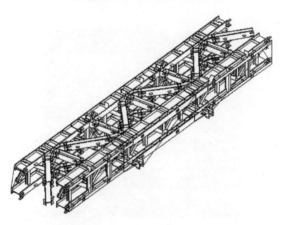

理论模型与实测坐标值拟合比对示意图

工艺说明：采用钢结构三维设计软件 Tekla Structures 构建三维理论模型，对加工完成的实体构件进行各控制点三维坐标值测量，通过实测在计算机中形成的轮廓模型与理论模型进行拟合比对，找出理论和实测之间偏差最小的值并进行模拟拼装，最终根据统计分析的数据偏差大小来判断是否超出规范要求来调整相关杆件的尺寸。

020506 计算机辅助模拟预拼装实例

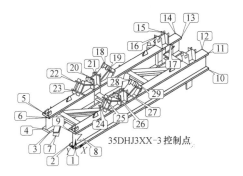

深圳平安金融中心模拟预拼装示意图

深圳平安金融中心模拟预拼装现场图

施工案例说明：深圳平安金融中心巨柱间的带状桁架杆件均为双 H 型构件，带状桁架一榀重量达 185t，长 26m×宽 2.8m×高 5.6m。以 97～99 层南区带状桁架为例，将整榀桁架划分为 32 个单元。所有桁架各单元控制点均取构件外轮廓控制点，如遇到端部有坡口的构件，控制点取坡口的下端，且测量时用的反光片中心位置应对准构件控制点。

第六节 构件涂装处理

020601 表面处理

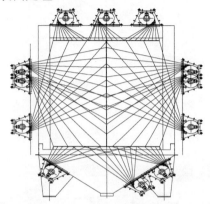

丸料抛射示意图

表面处理现场图

工艺说明：操作者应提前熟悉工艺文件和图纸，了解构件除锈的工艺要求、质量要求，确定合理的磨料配比、输送速度，并严格遵守设备操作的技术参数。处理后的构件不应存在焊渣、焊疤、毛刺等现象。

020602　油漆防腐涂装

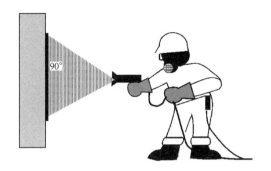

油漆防腐涂装示意图

油漆防腐涂装现场图

工艺说明：主要施工区域应采用高压无气喷涂机进行喷涂，喷嘴距离构件表面300～380mm为宜。覆涂时间间隔符合使用说明书要求，涂装后的构件，4h内要严防雨淋，外观颜色应均匀、平整、丰满和有光泽，无误涂、无漏涂、无流挂、无起泡、无咬底、无裂纹、无剥落、无针孔等缺陷。

020603 金属热喷涂

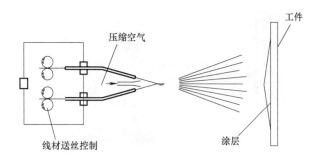

金属热喷涂示意图

金属热喷涂现场图

工艺说明：表面处理后在室内或干燥的环境及时进行连续喷涂，时间间隔不得超过4h。电弧喷铝前，基面实际温度要高于露点温度3℃。在没有防护的情况下，雨天不得施工。施工过程中，应随时检查喷铝涂层的厚度。

020604 热浸镀锌防腐

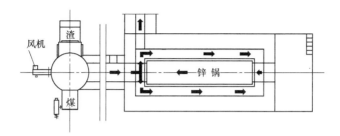

热浸镀锌防腐示意图

热浸镀锌防腐现场图

工艺说明：被镀件表面要求没有残余的氧化物和电焊药皮，不允许有油渍和污物，不允许有开裂和缺损的钢材表面，不允许原材料钢材锈蚀严重而产生大面积明显"麻点"。根据被镀件锈蚀程度掌握好酸洗时间。镀锌层的附着性采用锤击试验检查，用0.2kg的小锤每间隔4mm敲击一下，锌层不凸起，不脱落。

第七节 构件标识包装

020701 构件标识

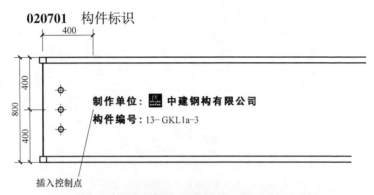

构件标识示意图

构件标识现场图

工艺说明：构件本体组立完成后一般采用钢印号标识（项目不允许使用钢印的采用油漆笔标识或挂牌标识），构件各工序动态采用条形码标识追踪，实现实时掌握每根构件制作进度，成品一般采用油漆笔和条形码标识或者挂牌标识和条形码标识。

020702　构件打包

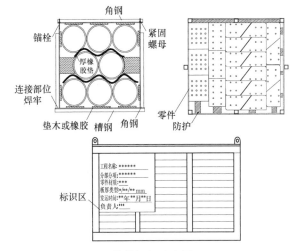

构件打包示意图

构件打包现场图

工艺说明：无牛腿等外伸零部件的构件采用打捆包装方法，根据单个构件的重量及尺寸选择打捆数量。带牛腿等外伸零部件的构件采用裸装方式装车，散发零部件根据其尺寸及重量，可选择装箱包装后装车。海运需根据构件形式进行集装箱打包装船或裸装。

020703 构件装车

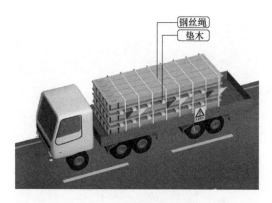

构件装车示意图

构件装车现场图

工艺说明：严格按发运清单装车，发运清单随车发运至现场，并核对装运构件的相关资料是否准确、齐备。车上构件堆放要固定稳妥，增加必要的捆扎，防止构件松动。构件装车时注意装车顺序，要按先大后小、先轻后重、先厚后薄、先实后泡的原则，装车不得超载或偏载。

020704　构件运输要求

构件运输示意图

构件运输现场图

> 工艺说明：公路运输构件时应保证钢构件安全、稳定、不散落、不松动、不变形、不损伤涂层。超限构件的运输需办理"超限运输许可证"。国内公路运输超限且满足水路运输条件的构件，可采取水路运输方式，水路运输跨江、海大桥构件、国际沿海国家工程构件应根据离港码头和到岸港口的装卸能力，来确定钢构件的外形尺寸和单件重量。

第三章　钢结构安装

第一节　基础和预埋件

030101　埋入式柱脚安装

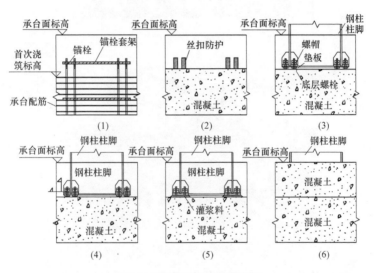

埋入式柱脚施工工艺流程图

施工工艺说明：（1）安装锚栓就位后，采取支架或定位板等辅助措施进行固定；（2）使用表面涂油、胶带包裹进行丝扣防护；（3）依次安装底层螺栓、钢柱柱脚、垫板及螺帽，通过底层螺栓调整安装标高；（4）依次紧固螺帽、压紧垫板；（5）浇筑柱底灌浆料；（6）承台混凝土二次浇筑，浇筑后的标高至承台面。

030102 地脚锚栓安装

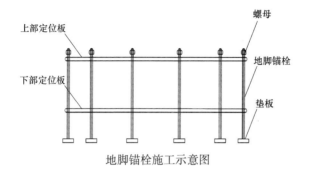

地脚锚栓施工示意图

柱脚锚栓现场施工图

施工工艺说明：预制前，需制作相应锚栓套架，以固定锚栓并准确定位。锚栓固定架安装结束后，对固定架轴线、标高以及平整度进行调整至符合规范要求。锚栓埋设结束，经检验合格后，方能进入下道工序。

030103　柱脚埋件的定位与加固

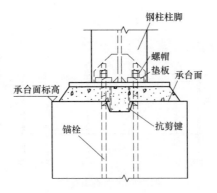

柱脚埋件的定位与加固节点示意图

柱脚埋件的定位与加固施工图

　　施工工艺说明：安装前，核查柱脚埋件构件的类型、规格、数量是否与设计要求相符。依据设计图纸的位置、类型、数量要求进行埋设。柱脚埋件定位完成后，在柱脚浇筑前后，需核查定位尺寸是否符合设计要求，并做好过程数据记录。采用钢丝绳将柱脚埋件的锚筋与柱体结构的钢筋捆绑牢靠（或焊接牢固）。

030104　后植型埋件施工工艺

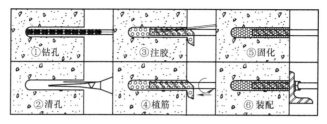

后植型埋件施工流程示意图

后植型埋件现场施工图

施工工艺说明：放样并标示钻孔位置。采用电锤或风钻成孔。检查合格后，用毛刷将孔壁刷净，用丙酮清理孔壁。采用角磨机将铁锈、油污清除干净。配置锚固胶，注胶生根充分后，将钢筋旋入孔洞，使之和胶水接触完全。采用定位板等对植筋进行固定。植筋后 3～4d 后，进行拉拔试验的抽检。

030105　钢垫板支承安装

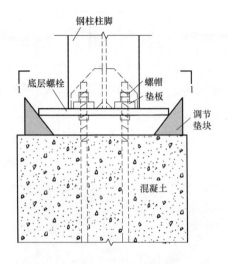

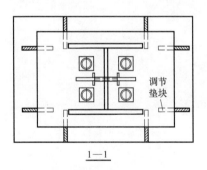

1—1

柱脚钢垫板支承示意图

施工工艺说明：计算确定钢垫板面积。垫板设置在柱加劲板或柱肢下，每根螺栓应设1～2组垫板，不得多于5块。垫板与基础面的接触平整、紧密。柱底二次浇灌混凝土前，垫板间应焊接固定。

030106　柱底二次灌浆

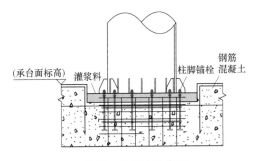

柱底二次灌浆示意图

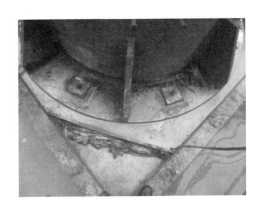

柱底二次灌浆现场施工图

施工工艺说明：灌浆前，将设备底板和混凝土基础表面清理干净。灌浆前24h，基础混凝土表面应充分润湿。二次灌浆时，应从一侧灌浆，直至从另一侧溢出为止，不得从相对两侧同时灌浆。在灌浆过程中严禁使用机械振动。灌浆部位温度大于35℃时，应及时采取保湿养护措施。

第二节 钢构件吊装

030201 垂直钢柱吊装

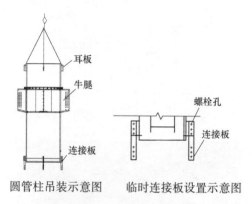

耳板

牛腿

连接板

螺栓孔

连接板

圆管柱吊装示意图　　　　临时连接板设置示意图

现场吊装图例

施工工艺说明：钢柱吊点的设置需考虑吊装简便，稳定可靠，一般使用钢柱上端的连接耳板作为吊点。吊装前需将爬梯及临时连接板绑扎于钢柱上，以便于下道工序的操作人员进行施工作业。为防止钢柱起吊时在地面拖拉造成地面和钢柱损伤，钢柱卸车时下方应垫好枕木。

030202 倾斜钢柱吊装

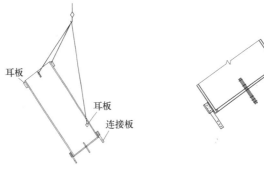 

倾斜钢柱吊装示意图　　　　　临时连接板设置示意图

现场吊装图例

施工工艺说明：吊装过程中，在柱身外侧设置吊耳，用倒链将钢柱调整至安装姿态再行起钩。根据钢柱不同的倾斜角度，使用双夹板或竖向支撑（横向拉结措施）。起吊前，钢柱底部垫枕木；回转时，要预留起重高度。

030203　钢梁吊装

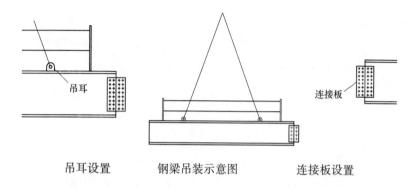

吊耳设置　　　　钢梁吊装示意图　　　　连接板设置

现场吊装图例

　　　施工工艺说明：钢梁吊装吊点设置一般分为吊耳和吊装孔两种方式。加工时预制吊点，吊点到端头距离为总长的1/4。钢梁吊装前将连接板临时固定在钢梁两端。吊装前安装安全立杆，以便于施工人员行走时挂设安全带。

030204　钢构件串吊

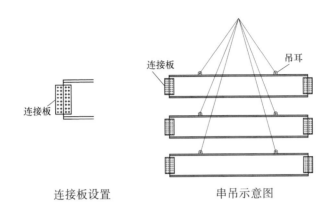

连接板设置　　　　　　　　　　串吊示意图

现场串吊图例

施工工艺说明：对于长度较短、重量较轻，且在同一安装区域的钢梁可采用"串吊"的方式。加工时预制吊点，吊点到端头距离为总长的1/4。

030205 斜撑吊装

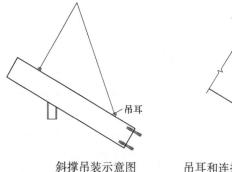

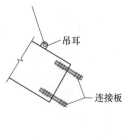

斜撑吊装示意图　　　　吊耳和连接板设置

现场吊装图例

施工工艺说明：斜撑吊装过程中，在斜撑外侧设置吊耳。吊装绑钩时，在斜撑底部绑缚的钢丝绳上设置倒链，利用倒链将斜撑调整至安装姿态后再行起钩。根据斜撑的倾斜角度，计算后确定临时连接措施。一般斜撑角度较小时，可选用双夹板自平衡技术。

030206 超高层钢桁架吊装

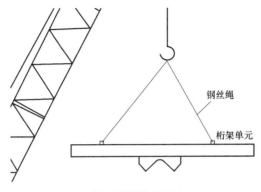

桁架吊装构造图

钢丝绳

桁架单元

架单根吊装图例

施工工艺说明：桁架吊装分为两种形式：散件单根吊装和组拼成片状吊装。设置耳板，多点吊装。深化设计阶段模拟桁架分段和吊装，合理布置吊点位置，确定吊点数量。吊装绑钩时，在底部绑缚的钢丝绳上设置倒链，调整桁架吊装姿态，再行起钩。

030207 单板钢板剪力墙吊装

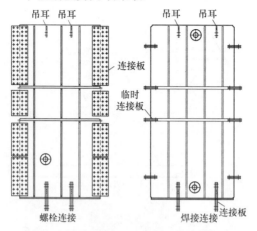

板墙吊耳布置图

单板钢板墙起吊

施工工艺说明：钢板剪力墙上部设置吊装耳板，横向焊缝与竖向焊缝处一边布置临时连接板，另一边布置靠向板，辅助剪力墙临时定位。钢板剪力墙底部垫枕木，防止构件损坏。吊装完成后采用安装螺栓进行初步固定，待固定完毕起重机松钩。

030208　箱型钢板剪力墙吊装

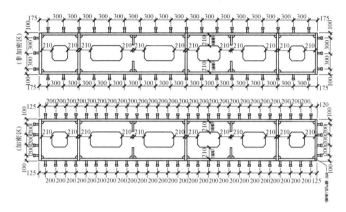

钢板墙构造示意图

箱型剪力墙吊装现场施工图

施工工艺说明：箱型核心筒钢板墙根据构件长度，于构件顶部合理布置吊点。焊缝处设置临时连接板，辅助剪力墙临时定位。

030209　钢筋桁架模板吊装

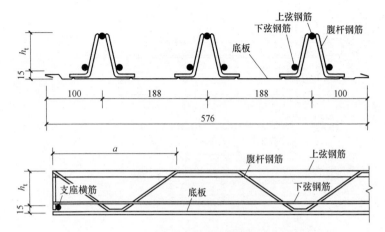

钢筋桁架楼承板构造图

钢筋桁架模板吊运图

　　施工工艺说明：钢筋桁架模板到场后，按要求堆放，采取保护措施，防止损伤及变形。无保护措施时，避免在地面开包，转运过程要用专用吊具进行吊运，并作好防护措施。在装、卸、安装过程中严禁用钢丝绳捆绑起吊，吊点在固定支架上。运输及堆放应有足够支点，以防变形。

030210　压型钢板吊装

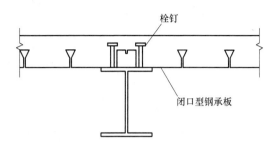

栓钉

闭口型钢承板

压型钢板构造图

压型钢板吊运图

施工工艺说明：压型钢板在打包时必须有固定的支架，有足够多的支点，防止在吊运、运输及堆放的工程中变形，用吊带等将压型钢板分区吊运至安装区域，严禁用钢丝绳捆绑在压型钢板上直接起吊。

030211 屋盖钢管桁架吊装

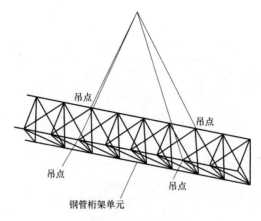

钢管桁架吊装示意图

钢管桁架吊装现场施工图

施工工艺说明：合理布置桁架的吊点位置和数量，多点吊装，用钢丝绳进行绑扎，并做好绑扎点处原构件的保护措施。桁架上系溜绳，确保起吊安全，辅助定位。起吊后经姿态调整，将起吊构件缓慢调至安装位置上方，缓缓落钩，使桁架安全落于支承上。

030212　屋盖网架吊装

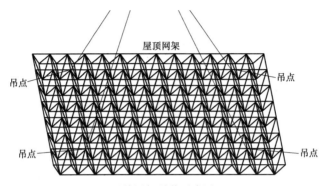

屋盖网架吊装示意图

屋盖网架吊装现场施工图

施工工艺说明：深化设计阶段，模拟网架分段和吊装，充分考虑网架分块吊装过程中的吊装变形，合理布置吊点的位置，确定吊点数量，并做好绑扎点原构件的保护措施。起吊前必须试起吊。将网架吊起离地一定距离后静止一定时间，确认无误后，方可正式起吊。

030213　网格结构吊装

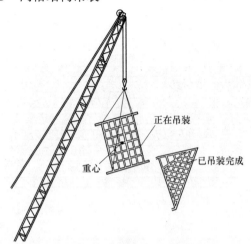

网格单元吊装示意图

网格吊装现场施工图

　　施工工艺说明：深化设计阶段，模拟网格结构的分段和吊装，充分考虑网格分块吊装过程中的吊装变形，合理布置吊点的位置，确定吊点数量，并做好绑扎点原构件的保护措施。起吊前必须试起吊。将网格吊起离地一定距离后静止一定时间，确认无误后，方可正式起吊。

第三节　单层钢结构安装工程

030301　钢柱安装

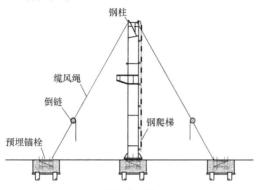

钢柱安装示意图

钢柱安装现场施工图

施工工艺说明：混凝土表面弹线，放出轴线位置和基准标高。吊装前，将钢柱表面浮锈等清除干净，扶正对位后进行临时连接，拧紧螺栓后即可脱钩。钢柱垂直度校正用经纬仪或吊线锤检验，当有偏差时采用缆风绳进行调整。

030302 钢梁安装

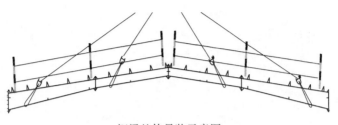

钢梁整体吊装示意图

单层钢结构钢梁安装现场施工图

施工工艺说明：钢梁按分区进行安装，安装顺序遵循先主梁后次梁的原则。采用两点对称绑扎起吊，采用高强度螺栓连接。焊接前将焊道周围50mm范围内的铁锈、毛刺、污垢清除干净。高强度螺栓的紧固，必须分初拧、终拧两次进行。

030303 门式刚架安装

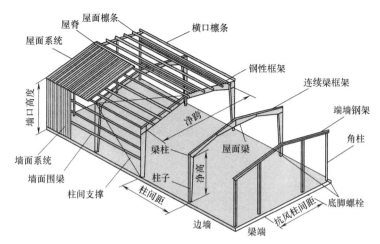

门式刚架结构示意图

门式刚架安装现场施工图

施工工艺说明：门式刚架按分区进行安装。柱、梁、支撑等主要构件安装就位后，应立即进行校正、固定。刚架安装、校正时，应考虑外界环境（风力、温差等）的影响。

第四节　多层及高层钢结构安装工程

030401　框架-核心筒结构施工工序

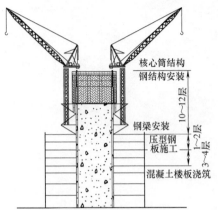

施工流水示意图（塔吊外挂）　　施工流水示意图（塔吊内爬）

现场施工图（塔吊外挂）

现场施工图（塔吊内爬）

施工工艺说明：钢结构与土建结构的交叉施工主要表现在两者间的施工高差。核心筒劲性钢柱安装领先于核心筒混凝土结构的施工，核心筒结构施工领先外框结构施工，外框钢柱的安装领先于楼面钢梁、压型钢板、混凝土浇筑的施工。

030402　多腔体钢柱安装

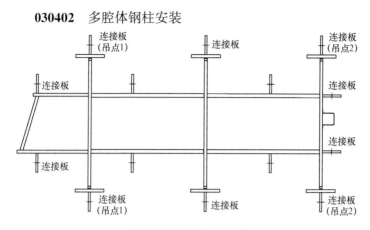

多腔体钢柱吊点设置示意图

多腔体钢柱结构示意图

施工工艺说明：合理设置吊装吊耳及翻身吊耳的数量与位置，钢丝绳与构件的夹角在合理范围内。若满足进人焊接，设置抽风机用于通风；一人焊接，一人巡视，每隔固定时间更换焊工；注意跳腔焊接，防治腔体内温度过热，对构件及焊工造成不良影响。若不满足进人焊接，设置手孔或人孔进行焊接。

030403 巨型斜柱安装

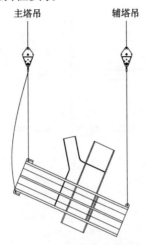

主塔吊　　　　　辅塔吊

巨型斜柱安装示意图

巨型斜柱安装施工图

施工工艺说明：钢柱吊装至就位位置后，施工安装螺栓，通过倒链、缆风绳、千斤顶等调节措施，在全站仪的观测下，完成钢柱校正并焊接。巨型斜柱就位后，需及时连接与其相连的钢梁，或选用双夹板自平衡技术和搭设临时支撑的方式，以保证斜柱稳定。

030404 环桁架安装

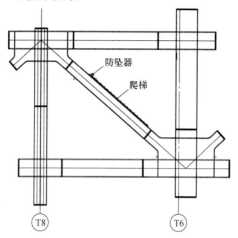

环桁架构造示意图

环桁架安装现场施工图

　　施工工艺说明：建议在制造厂内进行预拼装，保证对接精度。根据吊装设备和工期要求合理选择散件吊装或成片吊装。合理分段，满足施工吊装要求。吊装就位后使用连接板进行临时固定，测量并焊接。

030405 伸臂桁架安装

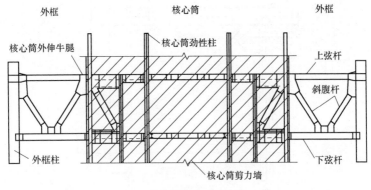

伸臂桁架示意图

伸臂桁架安装现场施工图

　　施工工艺说明：伸臂桁架分为两部分，一部分埋置于核心筒内，一部分连接核心筒与外框结构。核心筒内伸臂桁架，须注意与土建的配合与协调，需要预模板体系的操作空间。核心筒外伸臂桁架，根据设计要求进行焊接施工。

030406 钢板剪力墙安装

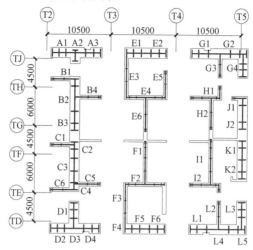

钢板剪力墙构造图

钢板剪力墙安装示意图

施工工艺说明：钢板墙吊装就位后，用连接板进行临时固定。钢板墙焊接时先焊接水平对接焊缝，水平焊缝焊接完毕并冷却后，对竖向对接立焊缝进行焊接。立焊缝采用分段焊接的方式进行焊接，对称施焊减小变形。

030407 钢筋桁架模板安装

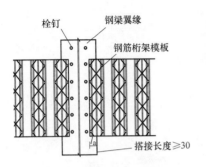

钢筋桁架模板平行钢梁布置节点

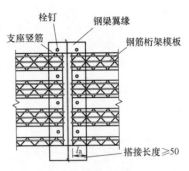

钢筋桁架模板垂直钢梁布置节点

放线、铺设钢筋桁架模板 　　　　　栓钉焊接

> 施工工艺说明：按图纸所示确定铺板时的基准线。楼板连接采用扣合方式，排板方向要一致。平面形状变化处，使用等离子切割楼承后铺设。钢筋桁架模板就位之后，将端部竖向钢筋与钢梁点焊或打钉。

030408 压型钢板安装

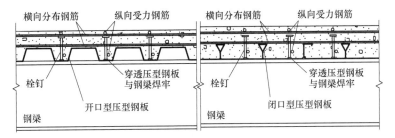

放样、铺设压型钢板   弹线边角切割

栓钉焊接   收边模板施工

施工工艺说明：常见的压型钢板分为闭口型、开口型。安装前检查放线，保证波纹对直，临边需切割处理的定位后弹出切割线，沿线切割。在定位后应以焊接、自攻钉等方式固定于钢梁上。安装后留洞的临边应搭设临边围挡。

第五节 大跨度空间钢结构安装工程

030501 高空原位安装工艺

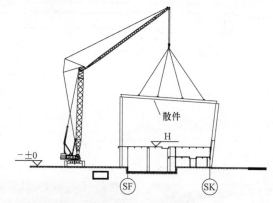

高空原位安装构造图

高空原位单元安装

高空原位散件安装

工工艺说明：根据起重设备性能和工期要求，将构件分成吊装单元，合理安排吊装顺序。构件分段处搭设临时支撑胎架，对支撑胎架进行模拟计算，保证受力满足要求。利用起重机将吊装单元吊装在临时支撑胎架上，并进行杆件补装。待结构形成完整体系后，进行卸载作业，使结构达到设计状态。

030502　提升施工工艺

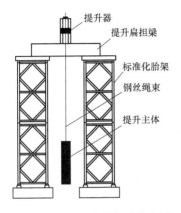

胎架支撑提升节点图

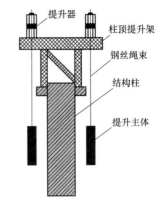

柱顶支撑提升节点图

提升施工工艺现场施工图

施工工艺说明：采用同步分级加载的方法进行试提升。钢结构离开胎架 20cm 左右，锁紧锚具，空中静止 12h，观察工作情况。各项检查无误后，再进行正式提升。提升时监控所有提升吊点标高，保证提升同步性。

030503 胎架滑移施工工艺

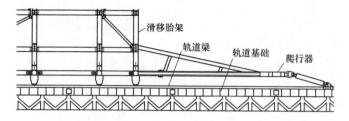

胎架顶推装置示意图

滑移胎架整体布置示意图

施工工艺说明：轨道铺设平整，计算机控制系统安装、调试与检查。搭设胎架，进行验收和试滑移。进行加载，并检查支座与轨道卡位状况，爬行器夹紧装置与轨道夹紧状况。进行胎架滑移，直至整个钢结构安装完成。

030504　结构滑移施工工艺

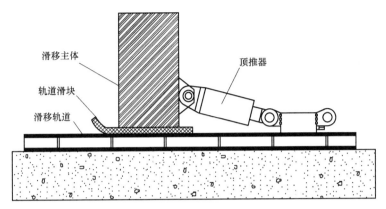

滑移主体

顶推器

轨道滑块

滑移轨道

滑移措施整体分布图

现场液压顶推器安装示意图

施工工艺说明：全面检查各项设备运行情况。滑移时，设定好泵源压力值，检测各滑移点的位移。滑移过程中应密切注意各系统工作状态。结构就位后进行逐步卸载，对所有支点进行观测并记录。

030505 结构胎架整体滑移施工工艺

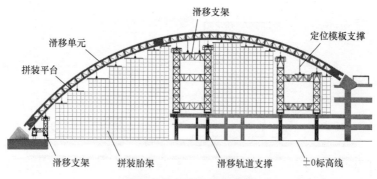

胎架结构整体滑移截面图

滑移施工工艺现场施工图

施工工艺说明：滑移结构要有足够的刚度铺设滑移专用轨道。通过计算机控制系统实现同步控制。楼板等使用独立支撑进行支撑。须注意滑移的同步性以及摩擦情况，监测滑移支架与结构单元，确保滑移安全。在支架上布置必要的安全措施，保证施工安全。

030506 钢拉索安装工艺

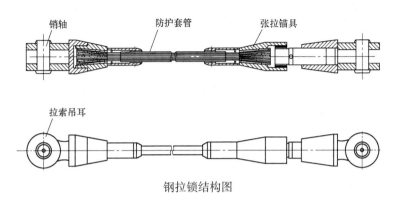

钢拉锁结构图

拉索地面展开工程现场图

施工工艺说明：拉索施工高阔低空无应力组装、整体牵引提升、高空分批锚固。裸露构件应进行防护，单根安装、张拉和调索完毕后，每束拉索内各根钢绞线的拉力偏差应控制在±2%范围内。

030507 膜结构安装工艺

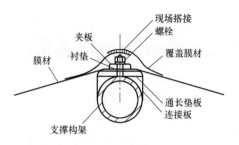

膜结构节点图

绳网及支撑施工图

施工工艺说明：施工流程：支撑及承力绳网敷设→膜包吊装就位→膜包展开→设置膜上防风绳网→周边临时固定→拆除绳网→张拉调整→膜周边固定安装→防水膜安装。牵引施工需统一指挥，牵引过程的速度要一致。当膜布牵引工作结束后，应立即安装反绳网。张拉时应确定分批张拉顺序，控制张拉的速度。

030508 球铰支座安装工艺

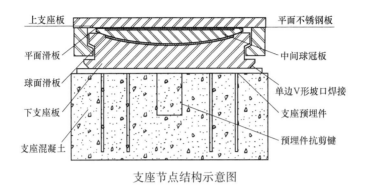

平面不锈钢板
上支座板
中间球冠板
平面滑板
球面滑板
单边V形坡口焊接
下支座板
支座预埋件
预埋件抗剪键
支座混凝土

支座节点结构示意图

支座现场安装及细部图

施工工艺说明:支座安装前应检查支座连接是否正常。在支座板上划注十字中心线,便于安装校正。支座位置确定后进行固定,保证连接质量及支座水平度。若为焊接连接时,应进行跳跃焊接施工。

030509 卸载工艺

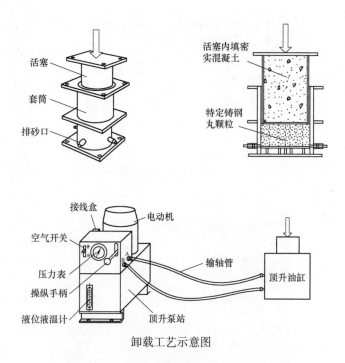

卸载工艺示意图

施工工艺说明：跨度小、反力小的结构使用传统切割卸载，直接切割刚性支承，逐步脱开联系，使结构转化为自身受力。卸载点反力小的结构使用千斤顶卸载，操作千斤顶使结构回落，达到卸载目的。卸载点反力大的结构使用砂箱卸载，打开排砂口，压迫砂粒通过排砂口流出，使结构缓慢下落。对同步性要求高的结构使用数控液压卸载，采用数控液压系统控制液压千斤顶，计同步控制千斤顶回落，完成卸载。

第四章 钢结构测量

第一节 控制网建立

040101 平面控制网设置

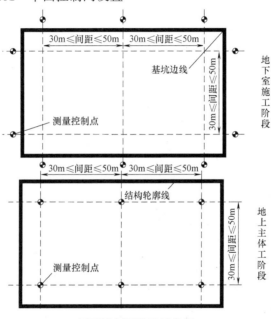

平面控制网设置示意图

施工工艺说明：控制网中应包括作为场地定位依据的起始点和起始边，建筑物主点和主轴线，控制线间距以30～50m为宜。对于高层建筑，地下室施工阶段宜采用外控法，地上主体施工采用内控法。

040102 平面控制网设置实例

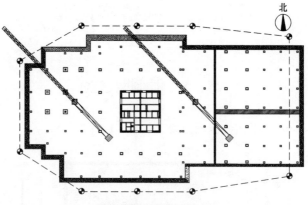

平面控制网设置示意图

平面控制网设置现场图

施工技术控制要点：石家庄新合作大厦地下室阶段平面控制网沿建筑基坑边连续布置，布设时兼顾主楼和副楼，相邻控制点间距控制 50m 左右。

040103 高程控制网设置

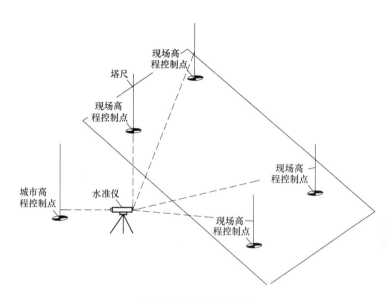

高程控制网设置示意图

施工工艺说明：首级高程控制网为建设单位提供的城市高程控制网，首级高程控制引测前应使用电子精密水准仪并采用往返或闭合水准测量方法复核。施工现场内布置二级高程控制网，作为施工现场测量标高的基准点使用。

040104 高程控制网设置实例

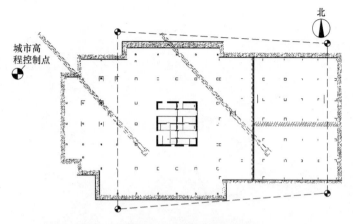

高程控制网设置示意图

高程控制网设置现场图

施工技术控制要点：石家庄新合作大厦设置高程控制网时，采用DS03高精密自动安平水准仪将石家庄市高程控制点引测至现场指定位置，采用往返闭合水准测量方法复核。

040105 平面控制网引测

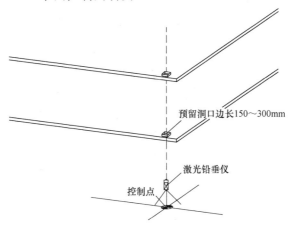

预留洞口边长150～300mm

激光铅垂仪

控制点

平面控制网引测示意图

平面控制点现场图

　　施工工艺说明：将激光垂准仪安置在已做好的控制点上，对中整平后，仪器发射激光束，穿过楼板洞口而直射到激光接收靶上。利用激光垂准仪将内控点投测到施工层后，用全站仪复核内控点间距离和各边角度，进行平差，确定点位。

040106　平面控制网引测实例

平面控制点现场图

施工技术控制要点：以河北开元环球中心平面控制网引测为例，架设仪器前，逐层清理楼楼板洞口遮挡物，将激光垂准仪安置在已做好的控制点上；以90°为单位旋转仪器，在接收靶上分别捕捉标记，取四次激光点的几何中心即为本次投测的控制点。

040107 高层控制网引测

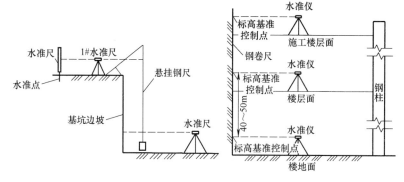

地下室施工阶段高程引测示意图　　地上主体施工阶段高程引测示意图

高层控制网引测现场图

施工工艺说明：地下室高程标高点的引测：根据现场二级高程控制点向基槽内用水准仪、水准尺和50m钢盘尺导引标高。地上部分标高点的引测：每40～50m划分为一个垂直引测阶段，然后通过50m钢卷尺顺着钢柱或核心筒垂直往上引测，然后引测到墙柱上。用全站仪等通过激光预留洞口垂直向上引测至测量操作平台，然后用水准仪将基准标高转移到剪力墙面距离楼层结构面＋1.000m处，并弹墨线标示。

040108 高程控制网引测实例

高层控制网引测现场图

施工技术控制要点：沈阳茂业中心高程传递采用钢尺沿核心筒墙体向上引测，为保证精度每次至少向上引测三个控制点，每个点采取多次引测取平均值的办法来减少误差。控制点经平差闭合后作为楼层钢结构标高控制依据。

第二节 钢结构施工测量

040201 钢柱轴线测量

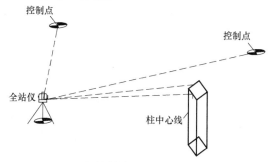

钢柱轴线测量示意图

钢柱轴线测量现场图

施工工艺说明：通常采用全站仪对外围各个柱顶进行坐标测量。架设全站仪在投递引测上来的测量控制点或任意位置上，照准一个或几个后视点，建立本测站坐标系统，配合小棱镜，对中杆或激光反射片等测量各柱顶中心的三维坐标。

040202　钢柱轴线测量实例

钢柱轴线测量现场图

施工技术控制要点：河北开元环球中心项目钢柱轴线测量时，为减少钢结构施工过程中振动对仪器精度的影响，利用专门夹具将全站仪固定在钢柱上。对于部分钢柱观测条件有限或仪器仰角过大时，采用弯管目镜进行辅助观测。

040203　钢柱标高测量

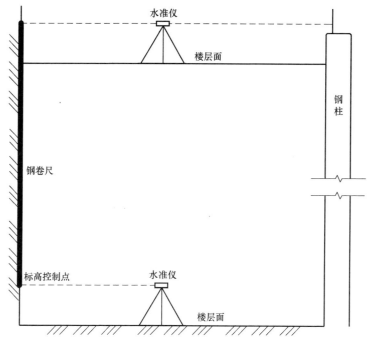

钢柱标高测量示意图

施工工艺说明：通常采用水准仪，先对后视读数，也就是把塔尺放在已知高程的水准点上，读出读数（记为后视读数）；再把塔尺放在要测的点上，读出读数（记为前视读数），然后计算柱顶实际标高。对于受条件限制无法采用水准仪的可以用全站仪进行测量。

040204　钢柱标高测量实例

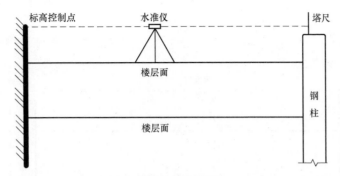

钢柱标高测量示意图

钢柱标高测量现场图

施工技术控制要点：沈阳茂业中心项目钢柱标高测量时，利用从基点引测至核心筒墙体上的楼层标高控制线进行测量，在钢柱焊接前、后进行钢柱柱顶标高测量，每根钢测量2～3个点，记录最高点和最低点，为后续标高调整提供依据。

040205 钢柱垂直度测量

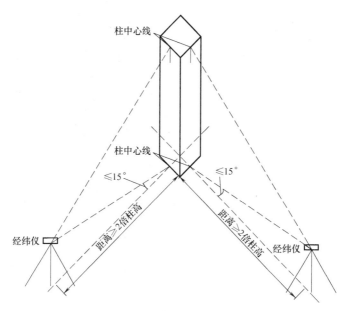

钢柱垂直测量示意图

施工工艺说明：在柱身相互垂直的两个方向用经纬仪照准钢柱柱顶处侧面中心点，然后比较该中心点的投影点与柱底侧面对应中心点的差值，即为钢柱此方向垂直度的偏差值。仪器架设位置与柱轴线夹角不宜大于15°，架设位置宜大于2倍柱高。

040206　钢柱垂直度测量实例

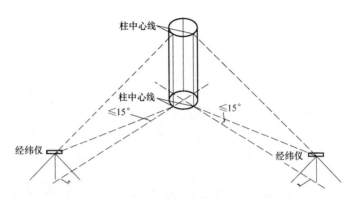

钢柱垂直测量示意图

钢柱垂直测量示意图

　　施工技术控制要点：沈阳茂业中心钢柱垂直测量时，对圆管柱中心线进行标记，在柱身相互垂直的两个方向用经纬仪照准钢柱柱顶处侧面中心点，然后比较该中心点的投影点与柱底侧面对应中心点的差值，即为此方向垂直度的偏差值。

第三节　常见测量问题原因及控制方法

040301　测量标高偏差超差控制

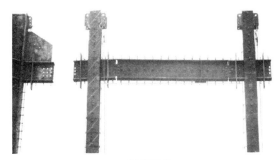

通病照片

合格照片

施工工艺说明：

原因：安装累计误差；钢柱牛腿制造偏差超差。

标准：见《钢结构工程施工质量验收规范》GB 50205—2001附录E.0.5。

控制方法：及时复测柱顶标高，消除累计误差；加强构件进场验收。

040302　垂直度偏差过大控制

通病照片

合格照片

施工工艺说明：

原因：制造尺寸超差，安装顺序不当，焊接施工的影响导致垂直度偏差过大。

标准：单节钢柱垂直度允许偏差 $h/1000$，且≤10.0mm。

控制方法：加强构件进场验收，焊接过程采取合理的焊接顺序，避免因焊接应力导致钢柱垂直度偏差，必要时采取防变形措施限制焊接变形。

040303　钢柱对接错口超差控制

通病照片

合格照片

施工工艺说明：

原因：构件制造尺寸超差；现场安装校正操作有误。

标准：上下柱连接处的错口偏差≤$t/10$mm，且不大于3mm。

控制方法：加强构件进场验收；加强交底培训，强化过程监督。

040304 节点接头间距超差控制

通病照片

合格照片

施工工艺说明:

原因:未对扭转、错口、错边、焊缝间隙等进行全面借合;构件制造尺寸超差。

标准:现场焊缝无垫板时,间隙允许偏差0~+3.0mm;现场焊缝有垫板时,间隙允许偏差-2.0~+3.0mm。

控制方法:构件校正应相互考虑四周对接质量情况,在规范允许的误差范围内将正偏差与负偏差进行借合;加强构件进场验收。

第五章　钢结构焊接

第一节　焊接工艺评定

050101　工艺评定试件选择

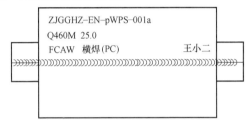

ZJGGHZ–EN–pWPS–001a

Q460M 25.0

FCAW　横焊(PC)　　　　　王小二

工艺评定试件示意图

工艺评定试件实物图

工艺说明：工艺评定试件应根据钢结构的焊接接头形式、钢材类型、规格、采用的焊接方法、焊接位置、焊接环境、焊材类型等综合确定。工艺评定试件确定时，要考虑尽可能少的试验项目，满足生产及季候生产发展所需要的工艺评定覆盖范围。

050102　定位焊

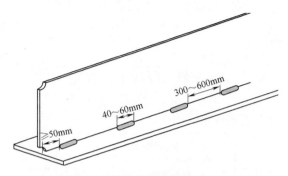

定位焊示意图

定位焊实物图

工艺说明：定位焊必须由持相应资格证书的焊工施焊，所用焊接材料应与正式焊缝的焊接材料相当。定位焊长度40～60mm，焊缝最小厚度3mm，最大不超过设计焊缝厚度的2/3，间距300～600mm且两端50mm处不得点焊。较短构件定位焊不得少于2处。

050103 引弧板、引出板设置

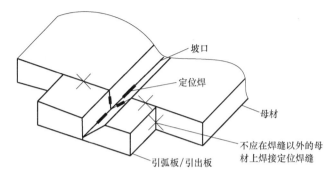

引弧板、引出板设置示意图

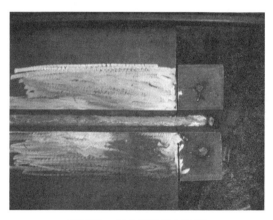

引弧板、引出板设置实物图

工艺说明：焊条电弧焊和气体保护电弧焊焊缝引弧板、引出板长度应大于25mm，埋弧焊引弧板、引出板长度应大于80mm。引弧板和引出板宜采用火焰切割、碳弧气刨或机械等方法去除，去除时不得伤及母材并将割口处修磨至与焊缝端部平整。严禁使用锤击去除引弧板和引出板。

050104 焊接衬垫加设

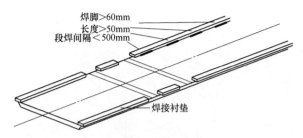

焊脚>60mm
长度>50mm
段焊间隔<500mm
焊接衬垫

焊接衬垫加设示意图

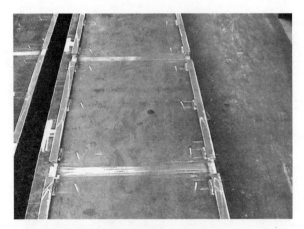

焊接衬垫加设实物图

工艺说明：衬垫材质可采用金属、焊剂、纤维、陶瓷等，钢衬垫应与接头母材金属贴合良好，其间隙不应大于1.5mm；钢衬垫在整个焊缝长度内应保持连续（注意在箱型结构装横隔板位置不能装上垫板）；用于焊条电弧焊、气体保护电弧焊和自保护药芯焊丝电弧焊接方法的衬垫板厚度不应小于4mm，用于埋弧焊焊接方法的衬垫板厚度不应小于6mm。

050105　焊接参数设置

常用焊接参数推荐表

序号	焊接方法	焊丝直径 （mm）	焊接位置	焊接电流 （A）	焊接电压 （V）	焊接速度 （cm/min）
1	气保焊打底层	1.2	平焊	180～220	28～32	34～38
2	气保焊填充层	1.2	平焊	240～280	34～38	30～34
3	保焊该面层	1.2	平焊	220～260	32～36	32～36

工艺说明：焊接电流、焊接电压、气流流量、焊丝干伸长等应根据焊接工艺评定报告确定，焊接前应根据产品结构的设计节点形式、钢材类型、规格、采用的焊接方法、焊接位置等，制定焊接工艺评定试验。施焊前，采用相同的焊接方式与位置进行工艺参数的评定试验。

050106　焊缝清根

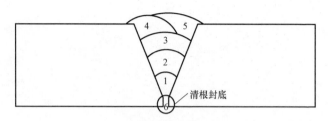

焊缝清根示意图

焊缝清根实物图

　　工艺说明：全熔透焊缝的清根应从反面进行，清根后的凹槽应形成不小于10°的U形坡口。采用碳弧气刨清根后刨槽表面应光洁、无夹碳、粘渣等，Ⅲ、Ⅳ类钢材及调质钢在碳弧气刨后，应使用砂轮打磨刨槽表面，去除渗碳淬硬层及残留熔渣。

050107　焊后消应力处理

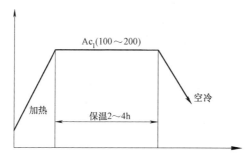

去应力退火曲线

去应力退火现场图

　　工艺说明：将工件加热到 Ac_1 以下的适当温度，保温一定时间后逐渐缓慢冷却。当采用电加热对焊接构件进行局部消除应力热处理时，构件焊缝每侧面加热板（带）的宽度应至少为钢板厚度的 3 倍，且不应小于 200mm，加热板（带）以外构件两侧宜用保温材料适当覆盖。

050108　焊后消应力处理实例

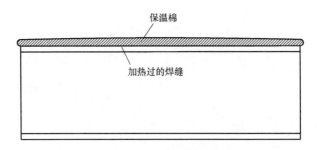

深圳太子广场钢柱热处理法消除焊后应力示意图

深圳太子广场钢柱焊后消应力处理现场图

　　施工案例说明：深圳太子广场钢柱采用退火方式进行焊后消应力处理。将工件加热到适当温度，保温一定时间后逐渐缓慢冷却，焊缝顶面加热板的宽度应至少为钢板厚度的3倍，且不应小于200mm，加热板顶部采用保温材料覆盖，从而达到消除焊后应力的目的。

第二节　焊接作业条件

050201　操作平台搭设

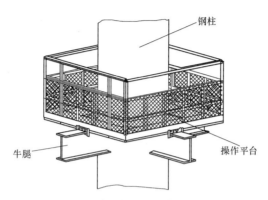

操作平台搭设示意图

操作平台搭设现场图

工艺说明：平台由角底板、直底板、调节滑板、翻板、护栏以及加固斜撑组成，平台由工艺说明人员在堆场拼装后整体吊装就位，并经项目经理部组织验收合格后方可投入使用。

050202 焊前除锈处理

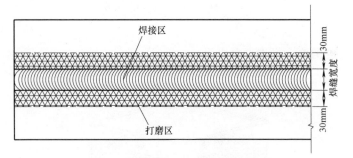

焊前除锈处理示意图

焊前除锈处理现场图

工艺说明：母材上待焊接的表面和两侧应均匀、光洁，且应无毛刺、裂纹和其他对焊缝质量有不利影响的缺陷。待焊接的表面及距焊缝坡口边缘位置30mm范围内不得有影响正常焊接和焊缝质量的氧化皮、锈蚀、油脂、水等杂质。

050203　高温狭小空间下的处理

高温狭小空间下焊接现场图

工艺说明：若需长时间进行焊接工艺说明，需提供新鲜空气通风及抽除烟雾的系统，并为在密闭空间内工作的工人提供供气式呼吸器。在合理、切实可行的范围内，不要把气瓶放进密闭空间；假若有此需要，则应把放进密闭空间的气瓶数量尽可能减至最低，并在使用时密切监察气瓶，以防漏气，而于停工时搬离该地。

050204 低温环境下焊接预热温度要求

常用钢材最低预热温度要求（℃）

钢材类别	接头最厚部件的板厚 t(mm)				
	$t\leqslant20$	$20<t\leqslant40$	$40<t\leqslant60$	$60<t\leqslant80$	$t>80$
Ia	—	—	40	50	80
II	—	20	60	80	100
III	20	60	80	100	120
IVb	20	80	100	120	150

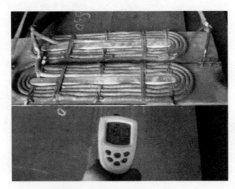

低温环境下焊接预热温度测量

工艺说明：焊接环境温度低于0℃但不低于−10℃时，应采取加热或防护措施，应确保接头焊接处各方向不小于2倍板厚且不小于100mm范围内的母材温度，不低于20℃或规定的最低预热温度二者的较高值；焊接环境低于−10℃时，必须进行相应环境下的工艺评定试验，通过焊接工艺评定确定最低预热温度。

第三节　焊接温度控制

050301　焊接预热

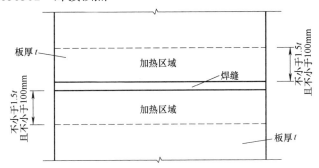

焊接预热示意图

焊接预热现场图

工艺说明：焊前预热宜采用电加热法、火焰加热法，并应采用专用的测温仪器测量，预热的加热区域应在焊缝坡口两侧，宽度应大于焊件施焊处板厚的 1.5 倍，且不应小于 100mm，预热温度宜在焊件受热面的背面测量，测量点应在离电弧经过前的焊接点各方县不小于 75cm 处；当采用火焰加热器预热时正面测温应在火焰离开后进行。

050302 焊接预热实例

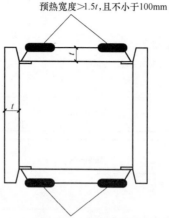

预热宽度>1.5t，且不小于100mm

预热宽度>1.5t，且不小于100mm

深圳太子广场钢柱焊接预热示意图

深圳太子广场钢柱火焰预热实例图

施工案例说明：深圳太子广场钢柱采用火焰预热进行焊前预热。预热宽度应大于焊件施焊处板厚的 1.5 倍，且不小于 100mm。

050303　层间温度控制

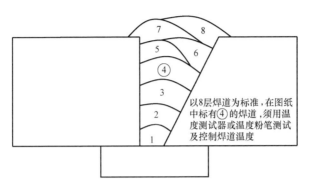

以8层焊道为标准，在图纸中标有④的焊道，须用温度测试器或温度粉笔测试及控制焊道温度

层间温度控制示意图

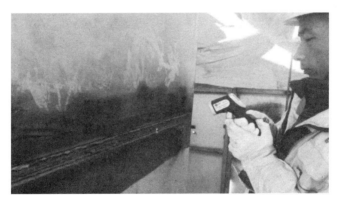

层间温度控制现场图

工艺说明：焊接过程中，最低道间温度不应低于预热温度；静载荷结构焊接时，最大道间温度不宜超过250℃；需进行疲劳验算动载荷结构和调质钢焊接时，最大道间温度不宜超过230℃。

050304　层间温度控制实例

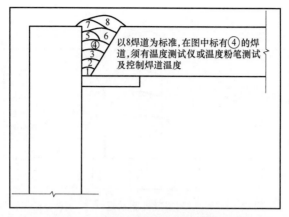

以8焊道为标准，在图中标有④的焊道，须有温度测试仪或温度粉笔测试及控制焊道温度

马来西亚标志塔钢柱层间温度控制示意图

马来西亚标志塔钢柱层间温度控制现场图

施工案例说明：马来西亚标志塔项目钢柱在主焊缝焊接过程中注意层间温度控制。在多层多道焊焊接过程中，最低层间温度不应低于预热温度。

050305 后热保温

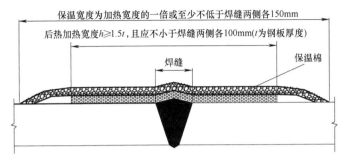

后热保温示意图

保温宽度为加热宽度的一倍或至少不低于焊缝两侧各150mm

后热加热宽度h≥1.5t，且应不小于焊缝两侧各100mm(t为钢板厚度)

焊缝

保温棉

后热保温现场图

工艺说明：整条焊道焊完后，应立即后热，加热温度应为150℃左右，保温时间应根据工件板厚按每25mm板厚不小于0.5h且总保温时间不得小于1h确定。保温材料应紧贴在加热器上，保温效果应保证加热工件的焊接接头温度均匀一致，确保接头区域达环境温度后方可拆除。

050306 后热保温实例

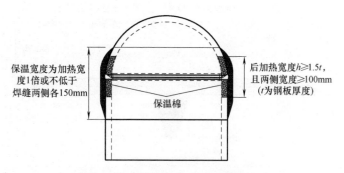

保温宽度为加热宽度1倍或不低于焊缝两侧各150mm

后加热宽度$h \geqslant 1.5t$，且两侧宽度$\geqslant 100mm$（t为钢板厚度）

保温棉

天河机场 T3 铰接柱顶半球后热保温示意图

天河机场 T3 铰接柱顶半球后热保温示现场图

施工案例说明：天河机场 T3 项目铰接柱顶半球整条焊道焊完后，应立即后热，加热温度应为 150℃左右，保温时间 1.5h。保温棉紧贴工件，保温效果应保证加热工件的焊接接头温度均匀一致，确保接头区域达环境温度后方可拆除。

第四节　焊接变形控制

050401　焊接约束板设置

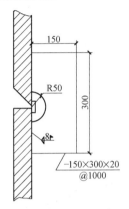

焊接约束板设置示意图

焊接约束板设置现场图

工艺说明：约束板焊接在钢板焊缝两侧，待焊接完成并在焊缝冷却变形完成后将约束板割除。焊接约束板根据现场焊接形式与临时连接位置灵活布置，以间距0.8～1.0m一道约束板为原则布设。

050402　焊接约束板设置实例

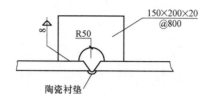

武汉某项目焊接约束板设置示意图

武汉某项目焊接约束板设置现场图

　　施工案例说明：武汉某项目约束板焊接在箱梁对接焊缝两侧，焊缝反面贴陶质衬垫，待焊接完成并在焊缝冷却变形完成后约束板割除。焊接约束板根据现场焊接形式与临时连接位置灵活布置，以间距800mm一道约束板为原则布设。

050403 焊接临时支撑

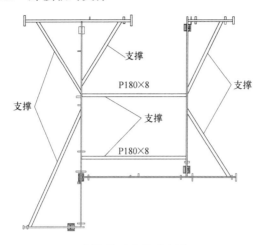

焊接临时支撑示意图

焊接临时支撑现场图

工艺说明：为控制钢板墙整体变形，在剪力墙对接焊口加设临时支撑，临时支撑采用 P180×8 圆管，圆管直接焊接到钢板墙上进行固定，在控制整体变形的同时增强钢板墙的整体稳定性。

050404 焊接临时支撑实例

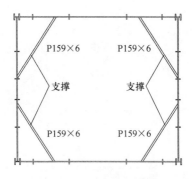

武汉绿地中心焊接临时支撑示意图

武汉绿地中心焊接临时支撑现场图

施工案例说明：武汉绿地中心项目钢板剪力墙两边无劲性柱的长度达10m，且有2～3条12m长立焊缝，为防止钢板剪力墙的焊接变形，从第四节钢板剪力墙开始加刚性支撑。

050405　长焊缝焊接法

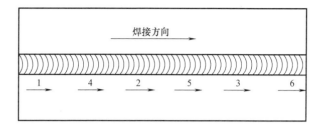

分段跳焊法

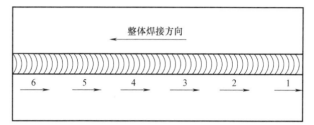

分段退焊法

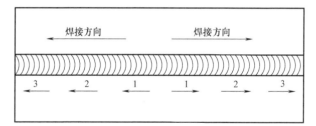

从中间向两端分段对称反向退焊法

工艺说明：将焊件接缝分成若干段，按预定次序和方向分段间隔施焊，完成整条焊缝，具体包括分段跳焊、分段同向退焊、从中点向两端对称分段反向退焊法等，每道焊缝起弧点都应在前道焊缝起弧点前面开始焊，要根据每根焊条的长度来估算起弧点，后一道焊缝收弧处要压住前道焊缝起弧点。

050406　长焊缝焊接法实例

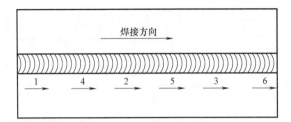

分段跳焊法

武汉中心钢板墙分段条焊法现场图

　　施工案例说明：武汉中心项目钢板墙长焊缝焊接时，将焊件接缝分成若干段，按预定次序和方向分段间隔施焊，完成整条焊缝。

050407 双面焊缝焊接方法

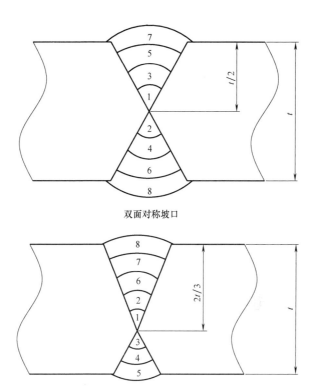

双面对称坡口

双面非对称坡口

工艺说明：采用多层多道焊接，对称坡口宜双面轮流对称焊接，非对称双面坡口焊缝，宜先在深坡口面完成部分焊缝焊接，然后完成浅坡口面焊缝焊接，最后完成深坡口面焊缝焊接。

050408 双面焊缝焊接方法实例

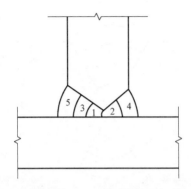

马来西亚 ASTAKA 双面焊缝焊接示意图

马来西亚 ASTAKA 双面焊缝焊接现场图

施工案例说明：马来西亚 ASTAKA 项目桁架构件板厚为超厚板，焊接时采用双面焊缝分层分道焊接。为减少焊接变形，应严格按照要求顺序进行焊接作业。以示意图中五道焊缝为例，应先将大坡口面焊接 1/3，再将小坡口面焊接 2/3，其次将大坡口面焊接 2/3，然后将小坡口面焊满，最后将大坡口面焊满。

050409　反变形控制

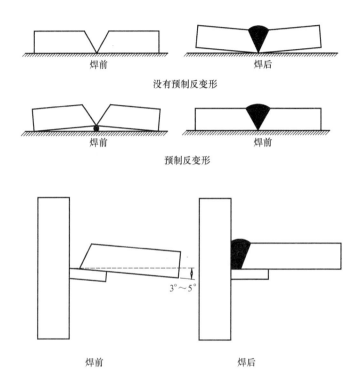

反变形控制示意图

┌───┐
│　　　工艺说明：在装配前根据焊接变形的大小和方向，在
│装配时给予构件一个相反方向的变形，使其与焊接变形相
│抵消。
└───┘

050410　反变形控制实例

武汉绿地中心钢板墙反变形控制示意图

武汉绿地中心钢板墙反变形控制现场图

施工案例说明：武汉绿地中心项目核心筒钢板墙在装配前根据焊接变形的大小和方向，在装配时给予构件一个相反方向的拉力，适当变形，使其与焊接变形相抵消。

050411　整体焊接顺序

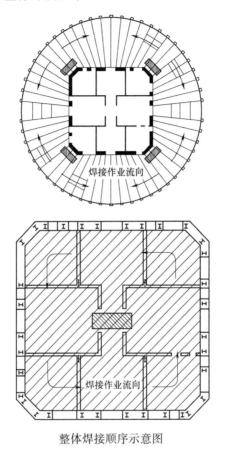

整体焊接顺序示意图

工艺说明：以作业平面为基准，分为若干个焊接工艺说明区，每个焊接工艺说明区域布置一个焊接工艺说明班组，保证每个班组的焊机数量与工人相同，焊接电流、电压及焊接速度尽量一致，以作业面中心点为对称点进行焊接。

050412 整体焊接顺序实例

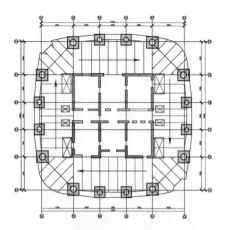

武汉中心整体焊接顺序示意图

武汉中心整体焊接顺序现场图

施工案例说明：武汉中心项目以作业平面为基准，分为若干个焊接工艺区，每个焊接工艺区域布置一个焊接工艺班组，进行顺序焊接。

050413　圆管柱焊接顺序

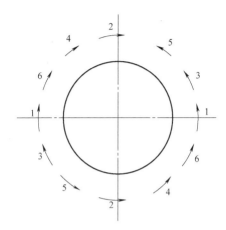

圆管柱焊接顺序示意图

圆管柱焊接现场图

工艺说明：由两名或多名焊工在对称位置分层进行焊接，每层每道接头处必须错开施焊。

050414 圆管柱焊接顺序实例

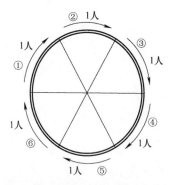

成都金融城圆管柱焊接顺序示意图

成都金融城圆管柱焊接现场图

　　施工案例说明：成都金融城项目外框钢管柱的焊接采用多人对称焊接顺序，每层每道接头处错开施焊。

050415　钢板墙焊接顺序

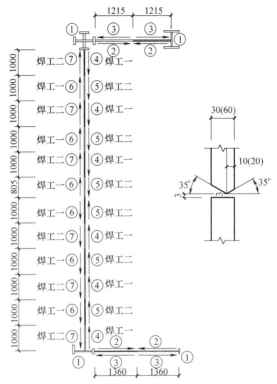

典型钢板墙单元横向焊接顺序工艺图

工艺说明：片式钢板墙超长对接焊缝，为防止因焊接收缩引起的钢板墙上端口偏移过大，焊缝形式设置为双边剖口（1/3，2/3）。焊接工艺说明时根据每组单元焊缝长度特点，采取同条焊缝多名焊工同时分段焊接的方法施焊。以钢板墙典型结构单元示例：先焊接完成劲性柱①，再对称焊接完成②，反面清根，对称完成③，同样的方法交叉完成最长一段单片墙的焊接，④段焊完5层后转入⑤段焊接，反面清根，⑥段焊完5层后转入⑦段焊接。

050416　钢板墙焊接顺序实例

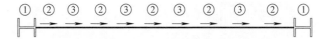

长沙国金钢板典型墙单元横向焊接顺序工艺图

长沙国金典型钢板墙单元横向焊接顺序现场图

施工案例说明：长沙国金项目典型钢板墙焊接时，①应先进行焊道预热，②再对称进行端部型钢柱焊接，③最后焊接分段退焊法焊接单片钢板墙。焊接过程中必须严格控制工艺参数，应采用小电流多层多道焊接。

050417　桁架焊接顺序

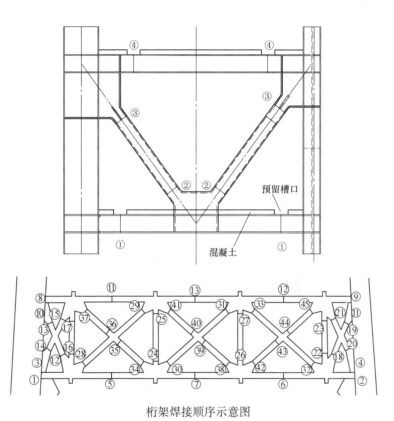

桁架焊接顺序示意图

工艺说明：桁架焊接按照从中间向两头、从下至上的原则进行施焊，构架不得两头同时施焊。接整体顺序需遵循对称原则，同一节点上3腹杆的接头应先焊直腹杆，然后同时对称焊接两斜腹杆；同一节点上有两斜腹杆的接头，两腹杆同时对称焊接。

050418 桁架焊接顺序实例

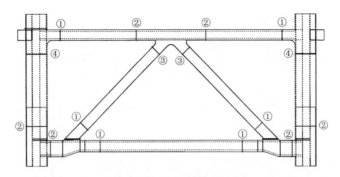

武汉中心桁架焊接顺序示意图

武汉中心桁架焊接顺序示意图

施工案例说明：武汉中心项目桁架焊接，为了有利于焊接应力释放及减小变形，就整个桁架构成的框架体系而言，应从整个结构靠中部位置的接口开始对称施焊，然后向两侧扩展，最后补焊结构中间一道焊缝。

050419 巨柱焊接顺序

巨柱现场拼装示意图

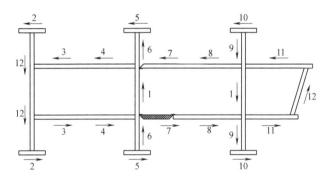

巨柱横焊缝焊焊接顺序图

工艺说明：焊接巨柱拼接横焊缝时编号相同的焊缝同时对称施焊。由于焊接时巨柱腔内空间小、热输入大，会使内腔温度较高，编号1两条焊缝最先同时施焊，焊完后再进行后续焊缝焊接。除编号1外剩余焊缝可安排多名焊工同时焊接，焊接过程相同编号须遵循等速对称原则。待巨柱对接横焊缝焊接完成且检测合格后，再焊接巨柱预留洞封板。

050420　巨柱焊接顺序实例

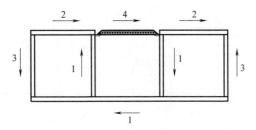

长沙金融大厦巨柱横焊缝焊焊接顺序图

长沙金融大厦巨柱横焊缝焊焊接现场图

　　施工案例说明：长沙金融大厦焊接巨柱拼接横焊缝时编号相同的焊缝同时对称施焊。编号1两条焊缝最先同时施焊，焊完后再进行后续焊缝焊接。焊接过程相同编号须遵循等速对称原则。待巨柱对接横焊缝焊接完成且检测合格后，再焊接巨柱预留洞封板。

第五节 栓钉焊接

050501 栓钉焊接过程

(a) 焊接准备
(栓钉端部与母材接触)

(b)引弧
(按动开关，上提栓钉
产生引导电流)

(c)焊接
(强电流使栓钉端与
一部分母材加热熔化)

(d)加压
(固定一段时间后
栓钉压入到母材中)

(e)断电
(熔化金属凝固)

(f)冷却
(焊接完成)

栓钉焊接过程示意图

栓钉焊接过程现场图

工艺说明：施焊前应选用与实际工程要求相同规格的焊钉、瓷环及相同批号、规格的母材（母材厚度≥16mm，且≤30mm），采用相同的焊接方式与位置进行工艺参数的评定试验。

050502　栓钉质量检查

栓钉焊接接头外观检验合格标准

外观检验项目	合　格　标　准	检验方法	图例
焊缝外形尺寸	360°范围内焊缝饱满拉弧式栓钉焊;焊缝高 $K1 \geqslant 1mm$,焊缝宽 $K2 \geqslant 0.5mm$	目测、钢尺、焊缝量规	
焊缝缺陷	无气孔、夹渣、裂纹等	目测、放大假（5倍）	
焊缝咬边	咬边深度≤0.5mm,且最大长度不得大于1倍的栓钉直径	钢尺、焊缝量规	
栓钉焊后高度	高度偏差小于等于±2mm	钢尺	
栓钉焊后倾斜角度	倾斜角度偏差 $\theta \leqslant 5°$	钢尺、量角器	

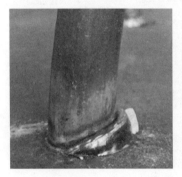

焊接质量不合格

焊接质量合格

> 工艺说明：栓钉焊焊接接头冷却到环境温度后可进行外观检查。外观检查应逐一进行。

第六节　焊接质量控制

050601　不良环境下焊接

不良环境下焊接现场图

工艺说明：焊条电弧焊和自保护药芯焊丝电弧焊，其焊接作业区最大风速不宜超过 8m/s，气体保护电弧焊不宜超过 2m/s，如果超过上述范围，应采取有效措施以保障焊接电弧区域不受影响。当焊接作业条件处于下列情况之一时严禁施焊：焊接作业区的相对湿度大于 90%；焊件表面潮湿或暴露于雨、冰、雪中。焊接环境温度低于 0℃但不低于−10℃时，应采取加热或防护措施。

050602　气孔预防

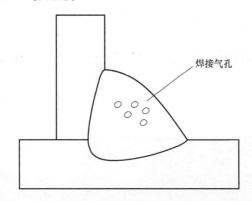

焊接气孔

气孔示意图

气孔实物图

工艺说明：焊接作业前先通气再起弧，结束作业时先断弧再关气可防止端部出现密集气孔群。高空焊接防风措施不可少，气体保护焊风速不宜超过 2m/s，现场工艺说明过程中，CO_2 焊接气体流量要根据风速适量调大。

050603　咬边预防

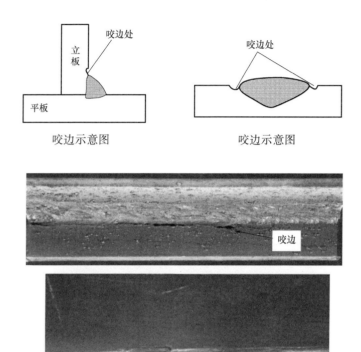

咬边示意图　　　　　　　　咬边示意图

咬边实物图

┌───┐
　　　　工艺说明：正确选择焊接电流及焊接速度，适当掌握
电弧的长度，正确应用运条方法和焊条角度，在平、立、
仰焊位置焊接时，焊条/焊丝沿焊缝中心线保持均匀对称
的摆动。横焊时，焊条/焊丝角度应保证熔滴平稳地向熔
池过渡而无下淌现象。
└───┘

050604　未焊满预防

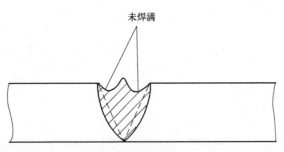

未焊满示意图

未焊满实物图

> 工艺说明：焊接前及焊接过程中合理的分布焊道；对焊缝余高过高的焊缝应及时进行打磨，且保证与板材接触部位平滑过渡；严格按照焊接工艺评定中焊接参数施焊。

050605　焊缝未熔合预防

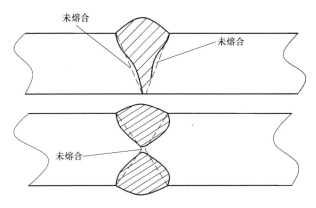

焊缝未熔合示意图

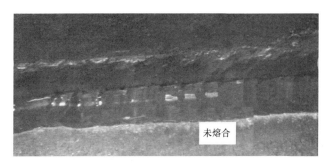

焊缝未熔合实物图

工艺说明：正确选择焊接电流、焊接速度；加强坡口清理和层间清渣；焊条偏心时应调整角度，使电弧处于正确方向。焊接时注意运条角度和边缘停留时间，使坡口边缘充分熔化以保证熔合。

050606 焊缝包角控制

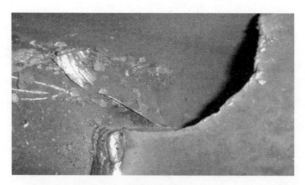

焊缝未包角

焊缝包角

工艺说明：焊接时应对柱、梁的加劲板或牛腿焊缝转角处包角；加强工艺培训交底，强化过程监督；转角处引弧，使转角焊缝自然圆滑过渡，保证了焊接质量；使用反光镜进行目视检测。

050607　栓钉成型控制

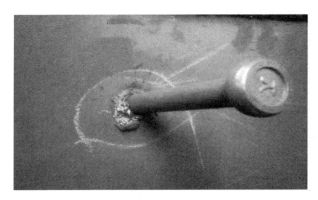

栓钉成型差

栓钉成型良好

工艺说明：焊脚应均匀，焊脚立面应 360°完全熔合；焊前保证焊钉及母材施焊表面无氧化铁、油脂等缺陷，瓷环及焊钉施焊处 50mm 范围内不应受潮；焊枪、焊钉轴线与工件表面垂直，焊接提枪速度不宜过快。

050608　焊缝尺寸控制

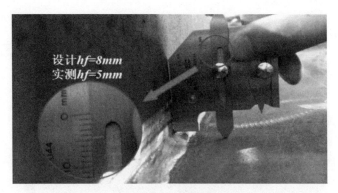

设计hf=8mm
实测hf=5mm

焊脚尺寸超差

设计hf=8mm
实测hf=10mm

焊脚尺寸满足设计要求

工艺说明：焊接坡口加工尺寸和装配间隙应符合要求；严格按照WPS中焊接参数施焊。

050609　焊接参数控制

焊接参数错误

焊接参数正确

工艺说明：定期检查操作人员的工艺说明记录；加强工艺培训交底，强化过程监督。

050610 焊瘤预防

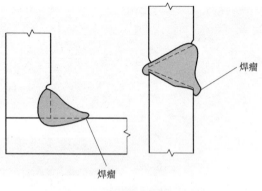

焊瘤示意图

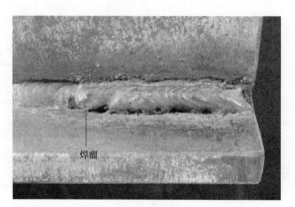

焊瘤实物图

工艺说明：控制焊丝在坡口边缘停留时间；立、仰焊时，焊接电流应比平焊小 $10\%\sim15\%$；掌握熟练的操作技术、严格控制熔池温度。

050611　焊接冷裂纹预防

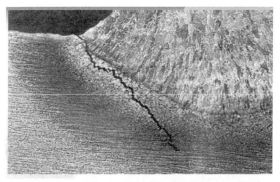

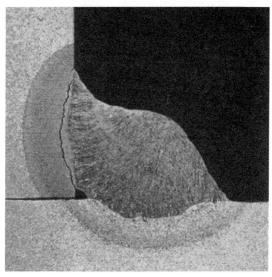

焊接冷裂纹实物图

工艺措施：合理选用焊接材料、严格控制焊接工艺、采取焊前预热、焊后保温措施。

050612 层状撕裂预防

层状撕裂实物图

工艺措施：层状撕裂的源头在于母材，故严控材料采购关，源头控制方能有效控制层状撕裂。针对层状撕裂的返工一定要谨慎，严格遵循返修工艺，否则会出现越返裂纹越多的现象。

第七节 焊接缺陷返修

050701 超声波检测

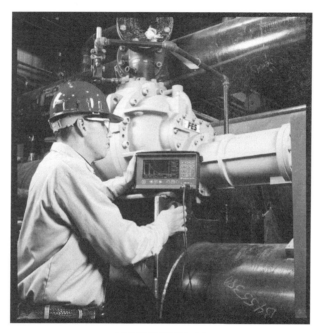

超声波检测现场图

工艺说明：超声波检测应在外观检测合格之后进行。Ⅲ、Ⅳ钢材及焊接难度等级为C、D级时，应以焊接完成24h后无损检测结果作为验收依据。钢材标称屈服强度不小于690MPa或供货状态为调质状态时，应以焊接完成48h后无损检测结果作为验收依据。

050702 超声波检测实例

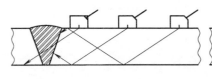

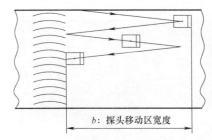

a：检测区宽度
焊缝和焊缝两侧10mm或热影响区(两者最大值)的内部区域。
*b*为探头移动区宽度：
探头移动区应足够宽，直射法按3.75倍板厚估算；一次反射法按6.25倍板厚估算。

合肥绿地中央广场超声波检测示意图

合肥绿地中央广场超声波检测现场图

　　施工案例说明：合肥绿地中央广场项目材料进厂验收采用超声波检测。超声波检测应在外观检测合格之后进行。Ⅲ、Ⅳ钢材及焊接难度等级为C、D级时，应以焊接完成24h后无损检测结果作为验收依据。钢材标称屈服强度不小于690MPa或供货状态为调质状态时，应以焊接完成48h后无损检测结果作为验收依据。

050703　砂轮打磨

砂轮打磨现场图

工艺说明：需打磨的产品应放置平稳，小件需加以固定，以免在打磨过程中产品位移而导致加工缺陷。打磨时应紧握打磨工具，砂轮片与工作面保持 15°～30°，循序渐进，不得用力过猛而导致表面凹陷。在打磨过程中发现产品表面有气孔、夹渣、裂纹等现象时应及时通知电焊工补焊。打磨结束后需进行自检，打磨区域应无明显的磨纹和凹陷，周边无焊接飞溅物，符合产品设计和工艺说明。

050704　碳弧气刨

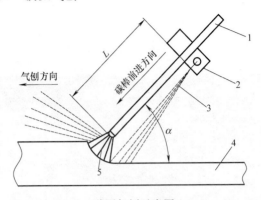

碳弧气刨示意图

1—碳棒；2—气刨枪夹头；3—压缩空气；4—工件；5—电弧；

L—碳棒外伸长；α—碳棒与工件夹角

碳弧气刨现场图

工艺说明：焊缝根部焊道用碳弧气刨清根时，气刨坡口的中心线与焊缝中心线应重合，两者的偏差在±2mm范围之内。操作时应以短弧进行，应保持刨削速度一致，碳棒伸出长度为100mm，烧损到30～40mm时，应进行调整。

第六章　紧固件连接

第一节　连接件加工及摩擦面处理

060101　接触面间隙的处理

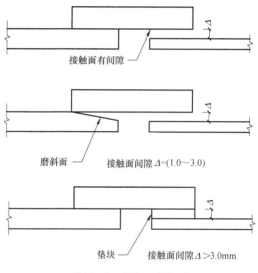

接触面有间隙

磨斜面　接触面间隙 $\Delta = (1.0 \sim 3.0)$

垫块　接触面间隙 $\Delta > 3.0mm$

接触面间隙处理示意图

　　施工工艺说明：高强度螺栓摩擦面对因板厚公差、制造偏差或安装偏差等产生的接触面间隙，当间隙 $\Delta <$ 1.0mm 时不予处理；$\Delta = (1.0 \sim 3.0)$ 时将厚板一侧磨平成 1：10 缓坡，使间隙小于 1.0mm；$\Delta > 3.0mm$ 时加垫板，厚度不应小于 3.0mm，最多不超过 3 层，垫板材质和摩擦面处理方法应与构件相同。

060102　接触面间隙的处理实例

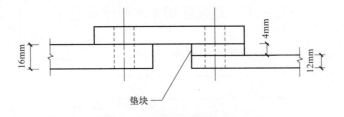

接触面间隙处理示意图

施工工艺说明：两腹板厚度不同钢梁通过连接板、螺栓连接，腹板厚度分别为12mm、16mm，连接时在连接板与12mm钢梁腹板之间设置4mm垫块，保证两侧钢板厚度统一，以便连接。

060103　摩擦面处理

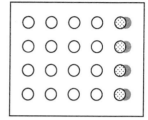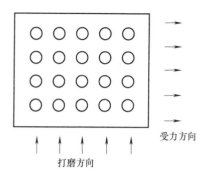

● 焊条补焊螺栓孔

⊙ 重新钻孔不得超过20%

受力方向

打磨方向

摩擦面处理示意图

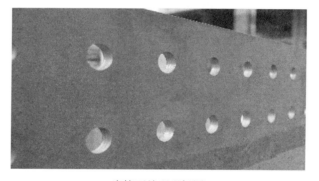

摩擦面处理现场图

施工工艺说明：螺栓孔孔距超过允许偏差时，可采用与母材相匹配的焊条补焊，检测合格后重新制孔，不得超过20%。

采用手工砂轮打磨时，打磨方向应与受力方向垂直，且打磨范围不应小于螺栓孔径的4倍。

处理后高强度螺栓连接摩擦面，应符合规定：连接摩擦面应保持干燥、清洁，不应有飞边、毛刺、焊接飞溅物、焊疤、氧化铁皮、污垢等。

060104 摩擦面处理实例

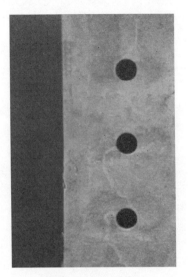

摩擦面处理现场图

　　施工工艺说明：图片中构件螺栓孔有偏差，采用与母材相匹配的焊条补焊，检测合格后重新制孔。

　　摩擦面采用现场手工砂轮打磨，打磨范围不应小于螺栓孔径的4倍。

　　处理后高强度螺栓连接摩擦面，符合规定：连接摩擦面保持干燥、清洁，无飞边、毛刺、焊接飞溅物、焊疤、氧化铁皮、污垢。

第二节 普通紧固件连接

060201 螺栓长度选择

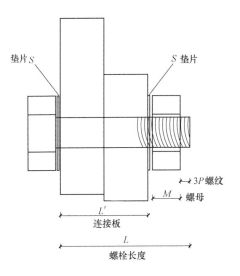

螺栓长度选择示意图

施工工艺说明：螺栓长度根据螺栓直径、连接厚度、材料和垫圈的种类等计算长度，一般紧固后外露2~3扣，然后根据要求配好套备用。

计算式如下：$L = L' + \Delta L$，其中 $\Delta L = M + NS + 3P$；

式中　L—螺栓的长度；　　　　　　L'—连接板层总厚度；

　　　M—高强螺母公称厚度；　　　N—垫圈个数。

　　　S—高强度垫圈公称厚度；　　P—螺纹的螺距；

　　　ΔL—附加长度，即紧固长度加长值。

按照"2舍3入，7舍8入"取5mm的整数倍的长度。

060202 普通螺栓的紧固

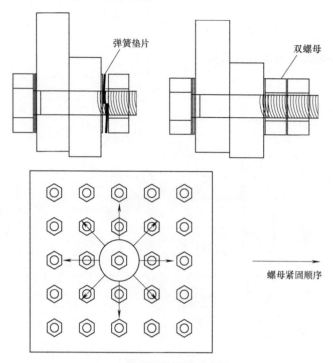

普通螺栓紧固示意图

施工工艺说明：螺栓头和螺母下面应放置平垫圈；每个螺栓一端不得垫两个及以上的垫圈，并不得采用大螺母代替垫圈。

拧紧后，外露丝扣不应少于2扣；对于设计有要求防松动的应采用有防松装置的螺母或弹簧垫圈，弹簧垫圈必须设置在螺母一侧；对于工字钢、槽钢类型钢应尽量使用斜垫圈。

螺栓的紧固次序应从中间开始，对称向两边进行；对于大型接头应采用复拧，保证接头内各个螺栓能均匀受力。

060203　普通螺栓的检验

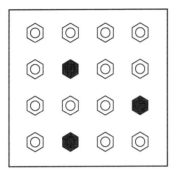

⬢　随机检查螺栓，不少15%，不少于3个。

◯　未检查螺栓

普通螺栓检验示意图

施工工艺说明：普通螺栓品种、规格、性能等应符合现行国家产品标准和设计要求。全数检查产品的质量合格证明文件、中文标志及检验报告等。

按连接节点数抽查3%（且不应少于3个）。

永久性普通螺栓紧固应牢固、可靠，可用锤击法检查。即用0.3kg小锤锤敲，要求螺栓头（螺母）不偏移、不颤动、不松动，锤声比较干脆。

用小锤敲击检查连接节点数的15%，且不应少于3个。

第三节　高强度螺栓连接

060301　高强度螺栓长度确定

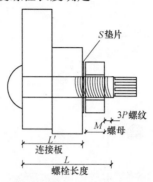

高强度螺栓长度确定示意图

施工工艺说明：扭剪型高强度螺栓的长度为螺头下支承面至螺尾切口处的长度；

高强度螺栓长度计算式如下：$L=L'+\Delta L$，其中 $\Delta L=M+NS+3P$

式中　L——高强度螺栓的长度；　　L'——连接板层总厚度；

ΔL——附加长度，即紧固长度加长值；

M——高强螺母公称厚度；　　N——垫圈个数；

S——高强度垫圈公称厚度；　P——螺纹的螺距。

高强度螺栓的紧固长度加长值＝螺栓长度－板层厚度。一般按连接板厚加表 L 的加长值，并取 5mm 的整倍数。

高强度螺栓附加值 ΔL

螺栓直径(mm)	12	16	20	22	24	27	30
大六角高强度螺栓(mm)	25	30	35	40	45	50	55
扭剪型高强度螺栓(mm)		25	30	35	40		

060302 高强度螺栓长度确定实例

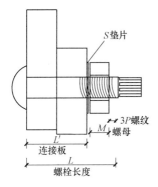

高强度螺栓长度确定示意图

高强度螺栓使用现场图

施工工艺说明：石家庄新合作大厦项目，部分梁柱采用 M20 扭剪型高强度螺栓通过连接板连接；

螺栓长度通过公式计算为 $L=L'+\Delta L$。

其中连接板厚 12mm、腹板厚 14mm，$L'=12+14=26$mm，高强度螺栓直径为 20mm，查表可知 $\Delta L=30$mm，计算可得高强度螺栓长度 $L=26+30=56$mm，故螺栓型号为 M20×60mm。

060303 高强度大六角螺栓的紧固

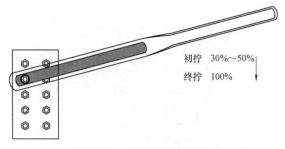

初拧　30%～50%
终拧　100%

高强度大六角螺栓紧固示意图

高强度大六角螺栓紧固现场图

　　施工工艺说明：扭矩法分初拧和终拧二次拧紧。初拧扭矩用终拧扭矩的30％～50％，再用终拧扭矩把螺栓拧紧。如板叠较多，要在初拧和终拧之间增加复拧。

　　转角法也分初拧和终拧二次进行。初拧用定扭矩扳手以终拧扭矩的30％～50％进行。用扭矩扳手转动螺母一个角度，使螺栓达到终拧要求。角度在施工前由试验统计确定。大六角头高强度螺栓也可以采用定扭矩电动扳手紧固。

060304 高强度大六角螺栓的紧固实例

高强度大六角螺栓紧固现场图

施工工艺说明：天津一汽丰田项目使用大六角高强度螺栓，采用扭矩法施拧，分初拧和终拧二次拧紧。初拧扭矩用终拧扭矩的30%～50%，再用终拧扭矩把螺栓拧紧。为防止漏拧，在初拧和终拧完毕时在螺栓及螺母上划线做标示。

060305 扭剪型高强度螺栓的紧固

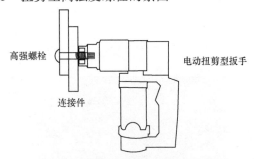

高强螺栓

连接件

电动扭剪型扳手

扭剪型高强度螺栓紧固示意图

扭剪型高强度螺栓紧固现场图

施工工艺说明：扭剪型高强度螺栓紧固分初拧和终拧进行。

初拧用定扭矩扳手，以终拧扭矩的 $30\%\sim50\%$ 进行，使接头各层钢板达到充分密贴，初拧完毕，做好标记以供确认。

终拧用电动扭剪型扳手把梅花头拧掉，使螺栓杆达到设计要求的轴力。对于初拧的板层达不到充分密贴时应增加复拧，复拧扭矩和初拧扭矩相同或略大。

060306　扭剪型高强度螺栓的紧固实例

扭剪型高强度螺栓紧固现场图

施工工艺说明：石家庄新合作大厦项目，部分节点采用扭剪型高强度螺栓通过连接板连接，初拧完成后，用高强度螺栓枪按顺序进行终拧。当梅花头被拧断时，标志着扭剪型高强度螺栓终拧完毕。

060307　扭转法紧固的检查

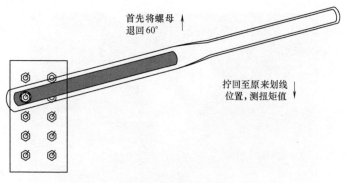

首先将螺母
退回60°

拧回至原来划线
位置，测扭矩值

扭转法紧固检查示意图

施工工艺说明：在螺尾端头和螺母相对位置划线，将螺母退回60°左右用扭矩扳手测定拧回至原来位置时的扭矩值。该扭矩值与施工扭矩值的偏差在10％以内为合格。

高强度螺栓连接副终拧扭矩值按下式计算：

$$T_c = KP_c d$$

式中　T_c——终拧扭矩值（N·m）；

　　　P_c——施工预拉力值标准值（kN）；

　　　d——螺栓公称直径（mm）；

　　　K——扭矩系数。

高强度大六角头螺栓连接副初拧扭矩值 T_0 可按 $0.5T_c$ 取值。

060308　扭转法紧固的检查实例

扭转法紧固检查现场图

施工工艺说明：天津一汽丰田项目使用 M24×70mm 大六角高强度螺栓，部分采用扭转法紧固检查。

高强度螺栓连接副终拧扭矩值：$T_c = K \times P_c \times d = 822\text{N} \cdot \text{m}$

检查前，在螺尾端头和螺母相对位置划线，将螺母退回 60° 左右用扭矩扳手测定拧回至原位置时的扭矩值为 805N·m。该值与终拧值的偏差为 2.1%，在 10% 以内为合格。

060309　转角法紧固的检查

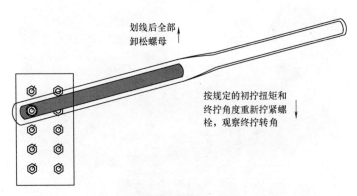

划线后全部
卸松螺母

按规定的初拧扭矩和
终拧角度重新拧紧螺
栓，观察终拧转角

转角法紧固检查示意图

施工工艺说明：检查初拧后在螺母与相对位置所画的终拧起始线和终止线所夹的角度是否达到规定值。

在螺尾端头和螺母相对位置画线然后全部卸松螺母在按规定的初拧扭矩和终拧角度重新拧紧螺栓观察与原画线是否重合终拧转角偏差在 $10°$ 以内为合格。

终拧转角与螺栓直径长度等因素有关应由试验确定。

060310　转角法紧固的检查实例

转角法紧固检查现场图

施工工艺说明：天津一汽丰田项目使用 M24×70mm 大六角高强度螺栓，部分采用转角法紧固检查。

高强度螺栓连接副终拧扭矩值：$T_c = K \times P_c \times d = 822\text{N} \cdot \text{m}$。

在螺尾端头和螺母相对位置画线然后全部卸松螺母，再按规定的初拧扭矩和终拧角度重新拧紧螺栓观察与原画线偏差 $6°$，终拧转角偏差在 $10°$ 以内，合格。

第四节 紧固件连接常见问题原因及控制方法

060401 高强度螺栓安装方向不一致

通病照片

合格照片

施工工艺说明：

原因：未按高强度螺栓方案安装方向一致的要求进行安装。

标准：高强度螺栓安装方向应一致。

控制方法：加强交底培训，强化过程监督。

060402　摩擦面未清理

通病照片

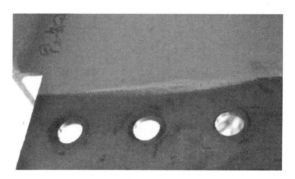

合格照片

施工工艺说明：

原因：构件堆放时间较长，吊装前未彻底清理。吊装前未清理浮锈、污垢、胶纸等杂物。

标准：高强度螺栓连接摩擦面应保持干燥、整洁，不应有飞边、毛刺、焊接飞溅物、焊疤、氧化铁皮、污垢等。

控制方法：施工前对存在浮锈、污垢、胶纸等杂物的摩擦面进行彻底清理。

060403 螺母、垫圈安装方向错误

通病照片

合格照片

施工工艺说明：

原因：安装时随意性较大，未严格按标准要求执行。

标准：扭剪型：螺母带圆台面一侧朝向有垫圈有倒角一侧；大六角：螺栓头下垫圈有倒角一侧应朝向螺栓头，螺母带圆台面一侧朝向有垫圈有倒角一侧。

控制方法：高强度螺栓螺母垫圈安装方向应符合标准规定。

060404 安装螺栓数量不够

通病照片

合格照片

施工工艺说明：

原因：作业人员未按标准施工。

标准：每个节点上穿入螺栓数量不应少于安装孔总数的1/3，且不应少于2个。

控制方法：加强交底培训，强化过程监督。

060405 高强度螺栓用作安装螺栓

通病照片

合格照片

施工工艺说明：

原因：随意使用高强度螺栓用作安装螺栓。

标准：在安装过程中，严禁将高强度螺栓用作安装螺栓。

控制方法：加强交底培训，强化过程监督。

060406　施拧顺序不当

通病照片

合格照片

　　施工工艺说明：

　　原因：作业人员未按标准施工。

　　标准：一般按照由中心到四周的顺序进行施拧，特殊节点施拧顺序特殊处理。

　　控制方法：加强交底培训，强化过程监督。

060407 气割扩孔

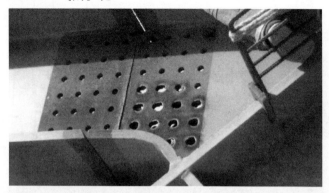

通病照片

合格照片

施工工艺说明：

原因：构件制造尺寸超差、钢柱轴线、垂直度偏差过大。

标准：螺栓不能自由穿入时，不得采用气割扩孔；修整后的最大孔径不超过螺栓直径的 1.2 倍。

控制方法：加强构件进场验收、保证钢柱轴线、垂直度满足要求。

060408　终拧扭矩不达标

通病照片

合格照片

施工工艺说明：

原因：大六角头高强度螺栓未使用扭矩扳手进行施拧；扭矩扳手未检定。

标准：高强度大六角头螺栓连接副施拧采用扭矩扳手，扭矩扳手校正相对误差不得大于±5%，满足扭矩值要求。

控制方法：操作人员应使用扭矩扳手施拧；确保扭矩扳手在检定有效期内。

060409 强行锤击穿入螺栓

通病照片

合格照片

施工工艺说明：

原因：操作随意性大。

标准：不应强行锤击穿入螺栓。

控制方法：使用冲钉辅助穿入螺栓。

060410　外露丝扣长度不当

通病照片

合格照片

施工工艺说明：

原因：连接板本身不平整；接触面间存在杂物、毛边、飞刺；螺栓长度、连接板厚度选用不当，螺栓未终拧。

标准：高强度螺栓终拧后外露丝扣为 2~3 扣。

控制方法：加强连接板平整度验收，安装前清除接触面间杂物；正确选用螺栓及连接板，确保螺栓终拧。

060411 高强度螺栓未初拧直接终拧

通病照片

合格照片

施工工艺说明：

原因：作业人员未按标准施工。

标准：高强度螺栓的拧紧分为初拧、终拧。大型节点分为初拧、复拧、终拧。大六角：初拧和复拧扭矩为终拧扭矩的50%左右；扭剪型：初拧和复拧扭矩见《钢结构高强度螺栓连接技术规程》JGJ 82 表6.4.15。

控制方法：加强交底培训，强化过程监督；严格按照标准施工。

第七章 涂装工程

第一节 钢结构防腐涂装

070101 手工除锈方法

操作时，空压机气压 0.6~0.65MPa，气压变幅为 0.05~0.1MPa。

常用钢结构表面清洁度等级为 Sa2.5。

喷砂采用粒坚硬、有棱角、干燥（含水量＜2%）的砂颗，以石英砂为好。砂砾径以 0.5~1.5mm 为宜。

手工喷砂工厂施工图

施工工艺说明：喷砂是利用高速砂流的冲击作用清理和粗化基体表面的过程。喷砂前选用与工程要求相符的设备及工艺参数，对准需打砂构件表面喷砂，直到表面符合工程技术要求。

施工注意事项：手工喷砂操作人员应正确佩戴专用劳保用品。喷砂完成后构件应在 4h 内涂装。

070102 喷射（抛丸）除锈

表面清洁度为 Sa2.5 级，通常，钢丸的粒径为 0.8～1.4mm，钢砂粒径为 0.4～1.2mm。钢丸与钢砂重量比一般推荐 8～2。

钢丸：硬度高，对表面氧化皮的除去十分有效。最小密度 $7.2g/cm^3$

钢砂：硬度很高，在喷砂作业中会始终保持棱角，对形成规则的，发毛的表面特别有效。最小密度 $7.2g/cm^3$

钢丸　　　　　钢砂

喷射（抛丸）除锈工厂施工图

施工工艺说明：根据构件尺寸、特点加设胎架，合理放置，翻身应尽量确保构件表面最大有效接触面。抛丸后的构件，用压缩空气清除干净其内部残留金属磨料、灰尘等，表面粗糙度符合工程涂装技术要求。

070103　钢构件除锈实例

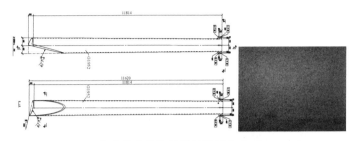

肇庆体育馆构件图及除锈完成面

肇庆体育馆构件除锈前后图

施工工艺说明：肇庆体育馆项目钢构件表面除锈等级要求为 Sa2.5 级。

Sa2.5 级是工业上普遍使用的并可以作为验收技术要求及标准的级别。Sa2.5 级处理的技术标准：工件表面应不可见油腻、污垢、氧化皮、锈皮、油漆、氧化物、腐蚀物和其他外来物质（疵点除外），疵点限定为不超过每平方米表面的 5%，可包括轻微暗影；少量因疵点、锈蚀引起的轻微脱色；氧化皮及油漆疵点。

070104 刷涂法施工

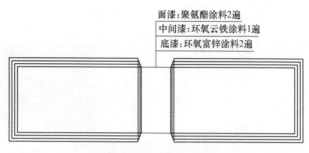

面漆：聚氨酯涂料2遍
中间漆：环氧云铁涂料1遍
底漆：环氧富锌涂料2遍

防腐涂料补刷涂层示意图

防腐涂料刷涂法工厂施工图

施工工艺说明：此方法主要运用于钢构件局部预涂、补涂。被涂刷表面确保在涂前满足涂装条件。均匀刷涂，油漆无流挂。施工顺序：底漆→中间漆→面漆。刷涂油漆厚度及颜色按工程相应要求验收。

070105　手工滚涂法

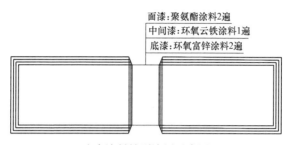

面漆：聚氨酯涂料2遍
中间漆：环氧云铁涂料1遍
底漆：环氧富锌涂料2遍

防腐涂料补刷涂层示意图

防腐涂料手工滚涂法工厂施工图

施工工艺说明：此方法主要运用于钢构件油漆预涂、补涂，刷涂前被涂刷表面清理，无异物、焊瘤、钢丸。单次滚涂漆膜厚度约为：20～30μm匀速滚涂。施工顺序：底漆→中间漆→面漆。滚涂法漆膜厚度较刷涂法更均匀，漆膜厚度及颜色按工程要求验收。

070106　空气喷涂法

示例：

面漆：聚氨酯涂料2遍	面漆：聚氨酯涂料2遍	面漆：聚氨酯涂料2遍
中间漆：环氧云铁涂料1遍	中间漆：环氧云铁涂料1遍	中间漆：环氧云铁涂料1遍
底漆：环氧富锌涂料2遍	底漆：环氧富锌涂料2遍	底漆：环氧富锌涂料2遍

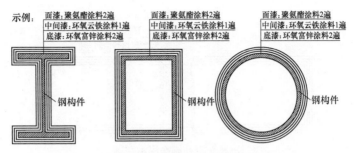

钢构件　　　　钢构件　　　　钢构件

防腐涂料空气喷涂涂层示意图

防腐涂料空气喷涂法工厂施工图

　　施工工艺说明：根据油漆种类选取与之对应的喷嘴，喷嘴到构件表面距离300～800mm为宜，喷嘴轴线与构件表面夹角30°～80°；喷幅宽度小件100～300mm，大件300～500mm，涂机进气压力0.3～0.6MPa，喷枪运行速度0.6～1m/s为宜。施工顺序：底漆→中间漆→面漆。

070107　防腐涂料涂装实例

环氧云铁中间漆2×50μm
环氧树脂封闭漆30μm
无机富锌底漆120μm

钢构件

肇庆体育馆构件防腐涂装示意图

肇庆体育馆构件防腐涂料车间喷涂

施工工艺说明：肇庆体育馆油漆技术要求：需油漆的区域均打砂，打砂等级Sa2.5级，表面粗糙度40~75μm，打砂原料为钢丸＋钢丝切丸（比例8：2），规格ϕ1.2~ϕ1.5mm。油漆参数如下表：

涂装顺序	名称	规格或型号	备　注
第一道	底漆	无机富锌×120μm	品牌：佐敦；干膜锌粉含量：≥85％；颜色：中灰色
第二道	封闭漆	环氧树脂×30μm	品牌：佐敦；颜色：中灰色
第三道	中间漆	环氧云铁×2×50μm	品牌：佐敦；颜色：中灰色

第二节　钢结构防火涂装

070201　基层处理

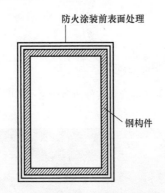

防火涂料涂装前基层处理示意图

防火涂料涂装前基层处理现场施工图

施工工艺说明：用铲刀、钢丝刷等清除钢构件表面的浮浆、泥沙、灰尘和其他粘附物。

钢构件表面不得有水渍、油污，否则必须用干净的毛巾擦拭干净；钢构件表面的返锈必须予以清除干净。

070202 喷涂法施工

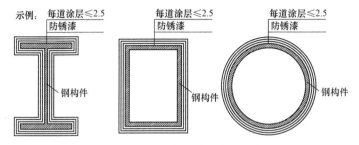

薄型钢结构防火涂料涂刷涂层示意图

防火涂料喷涂法现场施工图

施工工艺说明：在钢结构表面清除各种灰尘和油污后，在钢结构表面均匀喷涂打底层，厚度为 2～3mm 左右，喷涂打底层后 8～12h，表面干燥后喷涂后续防火涂料，喷涂时喷嘴口径宜为 6～10mm（最好采用口径可调的喷枪），空气气压宜控制在 0.4～0.6MPa。喷嘴与喷涂面宜距离适中，一般应相距 25～30cm 左右，喷嘴与基面基本保持垂直，喷涂应分 2～3 次完成，第一次喷涂以基本盖住钢材表面即可，薄型每层喷涂厚度不应超过 2.5mm，厚型以 5～10mm 为宜。

070203　抹涂法施工

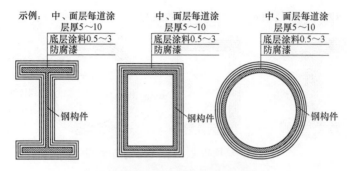

厚型钢结构防火涂料涂刷涂层示意图

防火涂料抹涂法现场施工图

施工工艺说明：刷涂前先将板刷用水或稀释剂浸湿甩干，然后再蘸料刷涂，板刷用毕应及时用水或溶剂清洗。蘸料后在匀料板上或胶桶边刮去多余的涂料，然后在钢基材表面上依顺序刷开，刷子与被涂刷基面的角度为50°～70°，涂刷时动作要迅速，每个涂刷片段不要过宽，以保证相互衔接时边缘尚未干燥，不会显出接头的痕迹。

070204　滚涂法施工

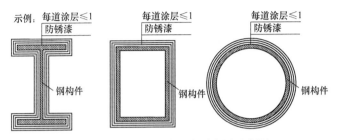

超薄型钢结构防火涂料涂刷涂层示意图

防火涂料滚涂法现场施工图

　　施工工艺说明：超薄型防火涂料刷涂施工应分层次进行，刷涂施工每道0.4～0.6mm左右，一般刷涂3～5道左右（根据涂料品牌、类型、涂刷厚度不同，需结合实际情况进行调整）；每道涂料的涂刷间隔应在4～8h（根据气温不同，涂料表干时间不同，结合现场实际情况做相应调整）。施工应在通风良好的环境下进行，并注意避免明火。

070205　防火涂料涂装实例

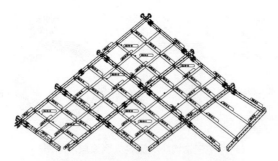

遵义奥体项目体育场立面网格示意图

遵义奥体项目体育场立面网格防火涂料喷涂实例图

施工工艺说明：遵义奥体项目体育馆钢结构防火要求：耐火等级为二级，钢构件的防火应符合《建筑设计防火规范》GB 50016—2014 中规定，立面网格需满足 1.5h 的耐火极限要求。立面网格采用超薄型水性膨胀型防火涂料，品牌：北京茂源，厚度 1.6mm，采用无气喷涂两遍，VOC≤50g/L，体积固体份≥70%。

第三节　钢结构涂装质量检查

070301　厚度检查

防火涂料厚度检查现场施工图

施工工艺说明：每层防火涂料施工后，应及时测量涂层的厚度，确保防火涂料涂层厚度和质量。采用厚度测量仪、测针和钢尺检查，按同类构件10％抽查，且均不小于3件。厚涂型要求80％以上面积符合要求，薄涂型要求85％以上面积符合要求。

070302 节点处油漆补涂

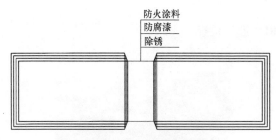

防火涂料
防腐漆
除锈

节点油漆补涂涂层示意图

高强度螺栓节点油漆补涂现场施工图

施工工艺说明：补涂施工前先将基层面按照设计要求做除锈处理，处理好的钢材表面不应有焊渣、毛刺、油污水等。底漆、中间漆、面漆应按照配比要求进行配比，现场补涂可采用喷涂、滚涂或者刷涂的方法。底漆、中间漆应分多遍补涂，间隔时间参考涂料性能及现场环境综合考虑。涂装遍数、涂装厚度应符合设计要求。涂装不应存在误涂、漏涂、针眼、流坠、脱层、返锈的情况。涂装后 4h 内应采取保护措施，避免淋雨和沙尘侵袭。

070303 节点油漆补涂实例

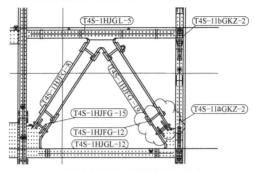

重庆来福士项目伸臂桁架节点

重庆来福士项目伸臂桁架节点油漆补涂

施工工艺说明：重庆来福士项目室内环境可以定义为C3。防腐涂料应满足良好的附着力，与防火涂料相容，对焊接影响小。现场补漆除锈可采用电动、风动除锈工具彻底除锈，达到St3级，并达到 $40\sim70\mu m$ 的粗糙度。油漆要求见下表：

涂层	涂料	干膜厚度	施工方式	符 合 标 准
底层	环氧富锌底漆	80(1× 80)μm	无气喷涂	干膜中锌粉含量≥ 77%,体积固体含量小于53%,且具有−5℃低温固化的功能
中间层	环氧云铁中间漆	120(1× 120)μm	无气喷涂	体积固体含量不应小于74%,快干型且具有−5℃低温固化的功能

070304 节点部位返锈处理

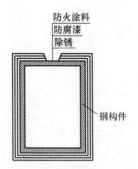

节点部位反锈处理涂层示意图

节点部位返修处理现场施工图

　　施工工艺说明：对构件节点制作预留的现场涂装区域，现场高强度螺栓、焊接施工完毕后需对返锈区域重新进行打磨除锈，除锈效果应达到设计要求的除锈等级。除锈后方可进行油漆补涂。涂装工艺及要求同 070103。

070305　节点部位返锈处理实例

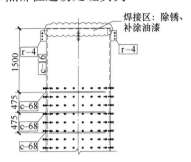

西部博览城项目钢柱焊接区除锈示意图

西部博览城项目钢柱焊接区除锈实物图

西部博览城项目设计要求：现场补漆除锈可采用电动、风动除锈工具彻底除锈，达到 St3 级，并达到 40～65μm 的粗糙度。经除锈后的钢材表面在检查合格后，应在要求的时限内进行涂装。钢结构表面处理应符合国家标准《涂覆涂料前钢材表面处理　表面清洁度的目视评定　第 1 部分：未涂覆过的钢材表面和全面清除原有涂层后的钢材表面的锈蚀等级和处理等级》GB/T 8923.1—2011 的要求。

第八章 安全防护

第一节 制作厂安全防护

080101 板材堆放

板材堆放正视图

板材堆放侧视图

> 说明：板材堆放最高点距离地面高度不超过1500mm，堆放地面使用垫平、放稳，相邻板材垛纵横间距500mm左右，材料垛距离材料堆场通道的净距不应小于500mm。

080102　圆管堆放

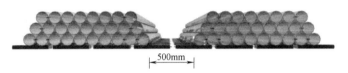

圆管堆放正视图

圆管堆放侧视图

说明：圆管堆放最高点距离地面高度不超过1500mm，圆管垛呈梯形，上窄下宽，两侧建议使用楔块加以固定，防止其滑动，楔块规格根据实际情况确定，每层两边的圆管均需在两头使用可调式夹具与相邻的圆管夹稳，相邻圆管垛最底层纵横间距保持500mm为宜，圆管垛距离堆场道净距不应小于500mm。

080103　型材堆放

型材堆放正视图

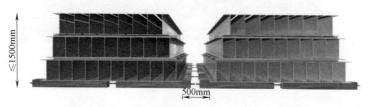

型材堆放侧视图

说明：型钢堆放不应超过3层，且堆放垛最高点距离地面高度不应超过1500mm，堆放超过2层时应设置防倾覆措施，型钢堆放每层均需使用垫块垫平、放稳，堆放按"△"或"梯形"堆放，上窄下宽，相邻型钢垛底层纵横间距以500mm为宜，型钢垛距离堆场通道净距不应小于500mm。

080104　规则构件堆放

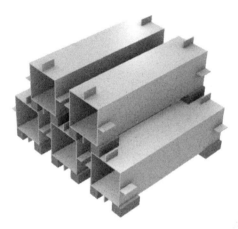

规则构件堆放示意图

说明：规则构件可多层堆放，构件最高点距离地面不超过 1500mm，层数不超过 3 层，堆放超过 2 层时应设置防倾覆措施，每层构件均需使用木方垫平，堆放按"△"或"梯形"堆放，上窄下宽，异形构件堆放由制造厂制定相应的防滚动、倾覆的方案，并按照方案实施。

080105 高大构件临边防护

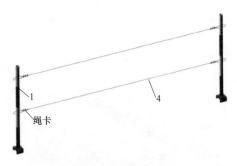

拼装临边防护示意图

立杆及底座示意图　单位：mm

1—立杆；2—底座；3—拉结件；4—钢丝绳

　　说明：底座采用C90槽钢与桥箱梁以焊接形式固定，立杆与底座及拉杆采用角焊缝形式固定，钢丝绳与拉杆连接按国家规范用绳卡固定，绳卡规格应用钢丝绳相匹配，绳卡间距以100mm为宜，最后一个绳卡距绳头的长度不应小于140mm，绳卡夹板应在钢丝绳承载时受力一侧，立杆间距以3000mm为宜，用量根据需要选取。

080106　高大构件登高防护

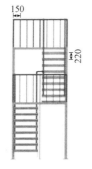

高达构件登高梯正视图

高达构件登高梯示意图

高达构件登高梯侧视图

说明：钢梯踏板采用花纹板，钢梯栏杆采用长度为1200mm、直径30mm、壁厚不低于2.5mm的圆管，扶手采用直径30～50mm、壁厚不低于2.5mm的圆管。每3000mm高处设置休息平台，40mm×40mm的角铁支撑，钢梯通向构件的平台需高出构件100mm。

080107　车间设备基坑防护（平面）

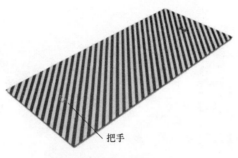

盖板示意图

把手示意图

说明：当盖板长度大于2000mm时，宜在盖板背面增设加劲肋，其间距不应大于600mm，盖板表面应刷黄黑警示色，45°角，带宽100mm，盖板表面应设置醒目的安全警示标志，非设备维护、检修人员不得随意移动盖板。

080108 车间设备基坑防护（立面）

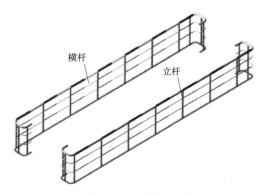

车间设备基坑防护栏杆示意图

防护栏杆侧视图

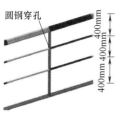

防护栏杆细部图

说明：立面护栏立杆采用 25mm×50mm 的钢板制作，立杆高度不应低于 1200mm，立杆间距以 2000mm 为宜。顶部横杆采用 φ42×3 的钢管制作，与立杆焊接固定；中部横杆采用 φ20 的圆钢制作，与立杆穿孔连接，防护栏杆横杆涂警示色，黄黑相间，带宽 300mm。

080109 防弧光挡板

弧光挡板后侧视图

弧光挡板正向视图

弧光挡板侧向视图

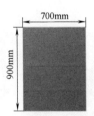

弧光挡板侧尺寸图

说明：防弧光挡板面板用长 900mm，宽 700mm，厚 1mm 钢板。底座采用横截面 50mm×25mm×1mm 空心钢管做支撑立杆。面板通过两根横截面 25mm×25mm×1mm 空心钢管挂设在底座立杆上，材料材质均为 Q235。

080110　卸扣使用规范

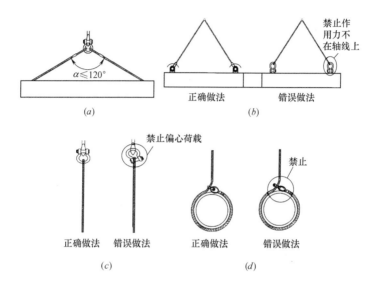

卸扣使用规范示意图

　　说明：卸扣承载两腿索具间的最大夹角不得大于120°（见图a）。作用力应沿着卸扣中心线的轴线上，避免弯曲以及不稳定的荷载（见图b）。避免偏心荷载（见图c）。卸扣与钢丝绳索具配套作为捆绑索具使用时，卸扣横销部分应与钢丝绳索具进行连接，以免遭索具提升时，钢丝绳与卸扣摩擦，造成横销转动，造成横销与扣体脱离（见图d）。

080111　堆场通道

照明灯

黄色警戒线

堆场通道示意图

　　说明：材料通道两侧采用黄色警戒线进行标识，警戒线宽度以 150mm 为宜。黄色警戒线与原材料/构件的最近端之间的净距不应小于 500mm；黄色警戒线与轨道槽之间的净距不应小于 500mm。

080112　车间通道

——安全通道

安全通道效果图

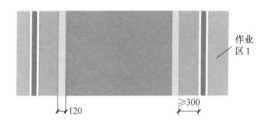

120　　　≥300

作业
区1

安全通道尺寸图（单位：mm）

说明：安全通道必须随时保持畅通，各类材料、设备、工位器具不能侵占安全道，通道与作业区净距不能小于300mm。安全通道应有醒目标志，"安全出口"等安全标志牌应有夜光效果，高度不得超过500mm。

080113　散件打包

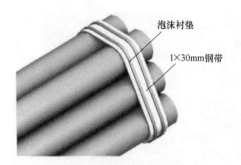

管件捆扎细部图

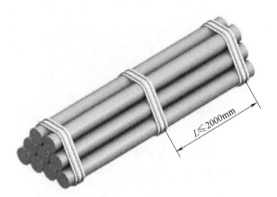

管件捆绑位置示意图

说明：打包时，应在钢带与物件间设置厚度不得小于10mm的泡沫衬垫，捆扎后，圆管件不得松动。每批物件应根据长度宜设置3道钢带，相邻绑扎钢带间距 L 不宜超过2000mm，小径管材打包方式如图所示。

080114 装车防护

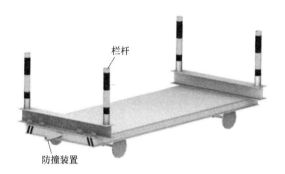

平板车防护示意图

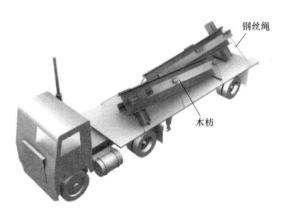

汽车装车防护示意图

说明：转运电动平板车须加设防护栏杆，栏杆高度为1000mm，涂黄黑相间油漆，黄黑带长度为300mm为宜。

构件装运以下大上小、下重上轻、上宽下窄，重心稳、构件不变形为原则。

第二节　施工现场安全防护

080201　固定式操作平台

平台整体示意图

> 说明：本操作平台适用于边长1200～1800mm的矩形柱以及外径1200～1800mm的圆管柱，超过此规格的钢柱安装、焊接操作平台应根据实际情况另行设计。操作平台护栏门宽度不小于600mm，不大于900mm，具体尺寸需结合项目现场实际制作。

080202 落地式操作平台

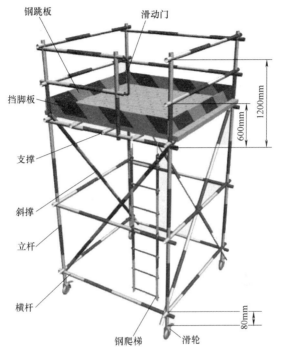

钢跳板　　　　滑动门

挡脚板

支撑

斜撑

立杆

横杆

钢爬梯　　滑轮

1200mm

600mm

80mm

落地式平台示意图

说明：落地式操作平台搭设前应由技术人员按规定进行规范设计，两立杆之间的间距不应大于 2m，立杆间距超过 2m 时需在两立杆中间部位添加立杆，确保平台稳定。操作平台由 $\phi48 \times 3.5mm$ 的脚手管搭设而成，搭设面积不应大于 $10m^2$，搭设高度不应超过 $5m^2$。平台四周防护栏杆不得低于 1.2m，支撑间距不应大于 0.4m，四周设置斜向斜撑。

080203　悬挂式操作平台

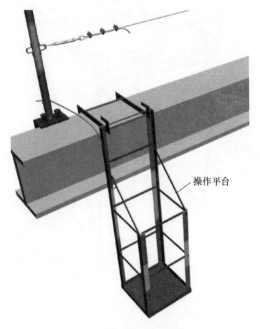

操作平台

悬挂式操作平台示意图

> 说明：挂件使用 10mm 钢板制作而成，中间用 $\phi 14mm$ 圆钢连接固定。操作平台使用角钢、扁铁、圆钢等材料制作而成，扁铁与角钢、圆钢与角钢均采用搭接焊接。

080204 下挂式水平安全网

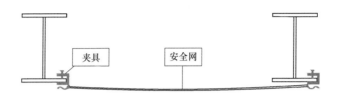

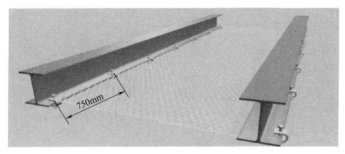

下挂式水平安全网示意图

说明：下挂式水平安全网适用于钢梁腹板小于800mm且有压型钢板作业的工程项目。项目经理部应采购符合安全要求的阻燃水平安全网，其网眼不应大于30mm。夹具在吊装前安装到钢梁下翼缘板，间距不应大于750mm并拧紧紧固螺栓，螺栓紧固以常人最大腕力拧不动为准。夹具由主部件与挂钩焊接而成，焊缝长度不小于15mm。

080205　上挂式水平安全网

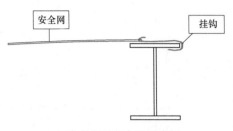

上挂式水平安全网示意图

挂钩细部节点示意图

　　说明：挂钩由 φ10m 圆钢制作而成，挂钩长度根据现场实际设定。钢筋挂钩应与安全网边绳及钢梁上翼缘同时连接，挂钩间距不应大于 750mm。安全平网应具备阻燃性能，网眼不应大于 30mm。

080206　滑动式水平安全网

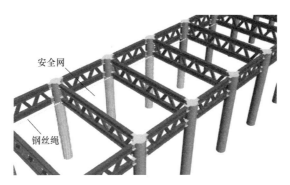

滑动式水平安全网挂设示意图

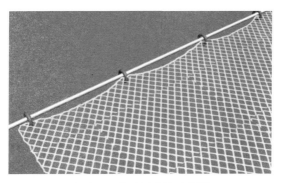

滑动环、水平网连接示意图

说明：滑动环采用 φ10mm 圆钢弯曲机弯曲后焊接制成。滑动轨道采用钢丝绳拉设，钢丝绳两端可使用花篮螺栓调节松弛程度。采用锦纶安全网（P-3×6m），网眼不应大于 30mm。

080207　楼层临边外挑网

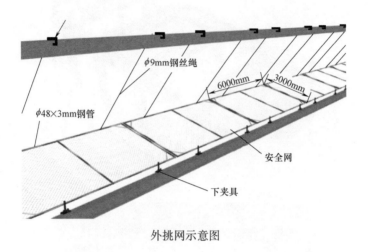

外挑网示意图

说明：外挑网应设置上下两道，两道外挑网间距不应超过两层，垂直高度不应超过10m，作业面最高点与最上面一层外挑网垂直高度不应超过10m。上夹具应能根据钢梁截面不同而调整，其板厚宜为10mm，紧固件建议采用规格为M20的紧固螺栓。下夹具钢板厚度宜为14mm，紧固件建议采用规格为M16的紧固螺栓，下夹具与钢梁上翼缘应能确保固定牢靠，连接上夹具与外挑网的钢丝绳直径不应小于9mm。

080208 防坠器垂直登高挂梯

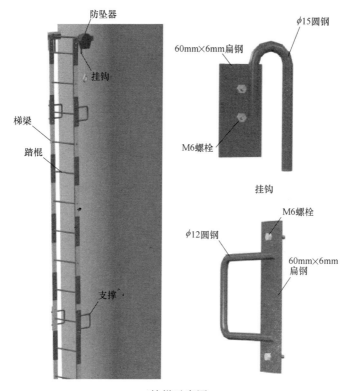

挂梯示意图

说明：单副挂梯长度以3m为宜，挂梯宽度以350mm为宜，踏棍间距以300mm为宜。每副挂梯应设置两道支撑，挂梯与钢柱之间的间距以120mm为宜，挂梯顶部挂件应挂靠在牢固的位置并保持稳固。

080209 护笼式垂直登高挂梯

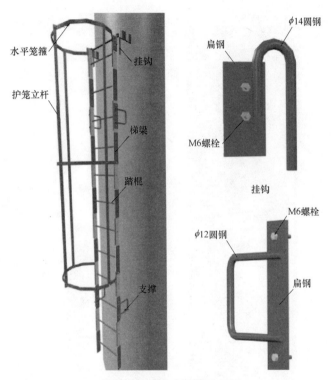

护笼式垂直登高挂梯示意图

说明：单副挂梯长度以 3m 为宜，登高挂梯内侧净宽以 350mm 为宜，踏棍间距以 300mm 为宜。每副挂梯应设置不少于两道支撑，挂梯与钢柱之间间距不宜小于 120mm；挂梯顶部挂件应挂靠在牢固的位置并保持稳固。两副挂梯之间通过连接板和 M6 螺栓相连。

080210 钢斜梯

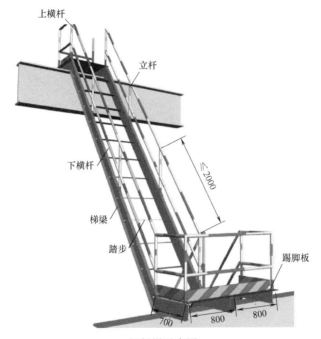

钢斜梯示意图

说明：钢斜梯垂直高度不应大于6m，水平跨度不应大于3m，立杆与梯梁夹角 α 可按 $\tan\alpha = L/H$ 公式求得。踏板采用4mm厚花纹钢板，宽度120mm，踏板垂直间距为250mm，踏板与连接底板三边角焊接，栓接固定在梯梁上。转换平台采用4mm厚花纹钢板，平台底部侧面设置高度为200mm的1.0mm厚钢板作为踢脚板。

080211 钢制组装通道

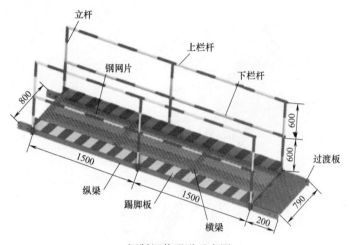

钢制组装通道示意图

说明：组装通道单元长度以3m为宜，宽度以800mm为宜，横向受力横杆间距不宜大于1m，通道长度可根据钢梁间距做小幅调整，但不应超过4m。钢丝网眼直径不应大于50mm，通过焊接与通道横梁连接。通道防护栏杆材料规格为 φ30×2.5mm 的钢管，防护栏杆立杆间距不应大于2m，扶手、中间栏杆距离通道面垂直距离分别为1200mm 及600mm，防护栏杆底部设置高度不低于180mm的踢脚板。

080212 抱箍式双通道安全绳（圆管柱）

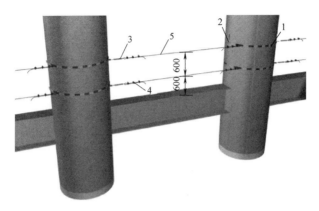

圆管柱间抱箍式双道安全绳整体示意图

1—抱箍；2—拉杆件；3—调度件；4—固定件；5—镀锌钢丝绳；6—固定环

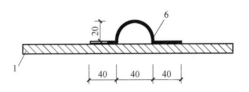

固定环节点示意图

　　说明：抱箍采用 PL30×6 扁钢制作，其尺寸根据钢柱直径而定，制作完成后，喷涂红白相间防腐油漆。安全绳采用 φ9 镀锌钢丝绳，其技术性能应符合《圆股钢丝绳》GB 1102 的要求，钢丝绳不允许断开后搭接或套接重新使用。上下两道钢丝绳距离梁面分别为 1200mm、600mm。端部钢丝绳使用绳卡进行固定，绳卡压板应在钢丝绳长头的一端，绳卡数量应不少于 3 个，绳卡间距为 100mm，钢丝绳固定后弧垂应为 10～30mm。

080213　抱箍式双通道安全绳（矩形柱）

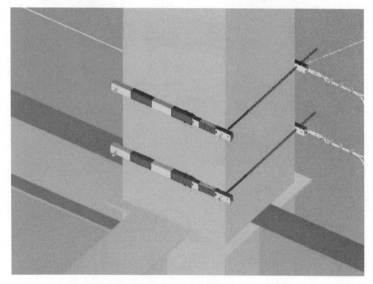

抱箍式双通道安全绳（矩形柱）示意图

说明：方钢管由 35 方钢和 30 方钢通过螺栓套接组成，在方钢长轴中线上每隔 50mm 设置一组 M12 螺栓孔，可调节方钢连接位置满足矩形柱截面尺寸要求。安全绳的型号选择及连接方式要求参照圆管柱间抱箍式双道安全绳部分。

080214　立杆式双通安全绳

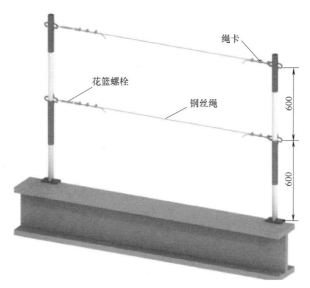

立杆式双通安全绳示意图

说明：立杆与底座之间除焊接固定外，还应有相应加固措施。立杆间距最大跨度 L 不应大于8m。钢丝绳直径不应小于9mm，上、下两道钢丝绳距离梁面分别为1200mm及600mm。钢丝绳两端分别用 $D_r=9$mm 的绳卡固定，绳卡数量不得少于3个，绳卡间距保持在100mm为宜，最后一个绳卡距绳头的长度不得小于140mm。

080215　堆场区域防护

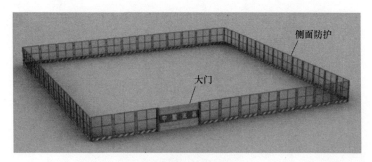

堆场区域防护示意图

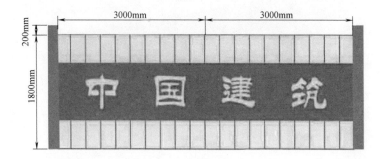

　　说明：堆放区域地面应进行硬化处理，确保平整、坚实，并根据其承受能力合理安排构件堆放。堆场区域应具有较好的排水条件，不应出现雨水洼积。单片防护围栏高1.8m、宽1.5m，利用钢丝网片进行封闭。堆场区域应设置好告示牌及警示标识。

080216　构件堆放（腹板高度 $H \leqslant 500$mm）

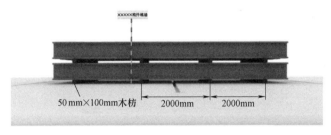

构件堆放正面示意图

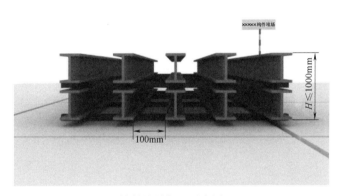

构件堆放侧面示意图

说明：同一类型的构件堆放时，应做到"一头齐"。不同构件垛之间的净距不应小于1.5m。构件与地面及构件层之间应设置垫木便于吊运绑钩。腹板高度小于等于500mm的构件堆放不应超过2层，腹板高度大于500mm的构件堆放严禁叠放并应有相应防倾覆措施。构件堆场区域，应分别设置材料标识牌及警示标识牌，非相关专业施工人员禁止入内。

080217　构件堆放（腹板高度 $H > 1000$mm）

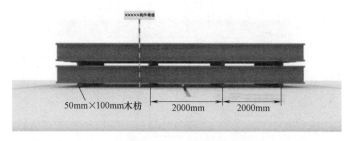

钢梁正面支撑示意图

钢梁侧面支撑示意图

说明：同一类型的构件堆放时，应做到"一头齐"。不同构件垛之间的净距不应小于 1000mm。板高度大于 1000mm 构件堆放，必须设置支撑措施。腹板高度超过 2000mm 的构件绑钩时，应设置登高措施供绑钩人员上下，严禁直接翻爬构件。构件堆场区域，应分别设置材料标识牌及警示标识牌，非相关专业施工人员禁止入内。

080218 措施胎架堆放

钢梁正面支撑示意图

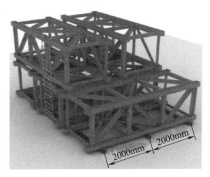

钢梁侧面支撑示意图

说明：立（卧）放时，应采用钢索将胎架标准节顶部进行固定，防止倾覆。卧放时，两层标准节以及标准节与地面之间应设置木枋，卧放不应超过两层，总高度不应大于5m。胎架吊运取钩及绑钩前应设置好垂直爬梯以供人员上下，攀登高度大于2m时，应有相应的防坠措施。胎架堆放边缘距离防护栏杆净距不应小于2m。堆放胎架边缘与防护栏杆之间的净距不得小于2m。堆放区域设警示牌，非相关施工人员严禁进入。

080219　总配电箱

总配电箱示意图

　　说明：总配电箱应设置总隔离开关以及分路隔离开关和分路漏电保护器；隔离开关应设置于电源进线端，应采用分断时具有可见分断点，并能同时断开电源所有极的隔离电器；如果采用分断时具有可见分断点的断路器，可不另设隔离开关。总配电箱中漏电保护器的额定漏电动作电流应大于30mA，额定漏电动作时间应大于0.1s，但其额定漏电动作电流与额定漏电动作时间的乘积不应大于30mA·s。

080220　分配电箱

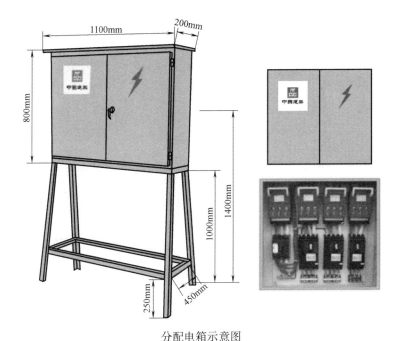

分配电箱示意图

说明：分配电箱应设在用电设备或负荷相对集中的区域，分配电箱与开关箱的距离不得超过30m。固定式分配电箱中心点与地面的垂直距离应为4m，配电箱支架应采用∟40×40×4角钢焊制。分配电箱应装设总隔离开关、分路隔离开关以及总断路器、分路断路器或总熔断器、分路熔断器，电源进线端严禁采用插头和插座做活动连接。

080221 开关箱

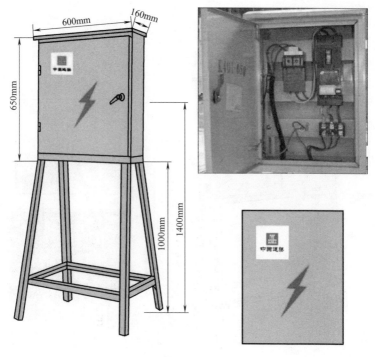

开关箱示意图

说明：开关箱必须装设隔离开关、断路器或熔断器以及漏电保护器，隔离开关应采用分断时具有可见分段点，并应设置于电源进线端。开关箱漏电保护器额定漏电动作电流不应大于 30mA，额定漏电动作时间不应大于 0.1s；潮湿或有腐蚀介质场所的漏电保护器，其额定漏电动作电流不应大于 15mA，额定漏电动作时间不应大于 0.1s。

080222 开关箱及电焊机设置

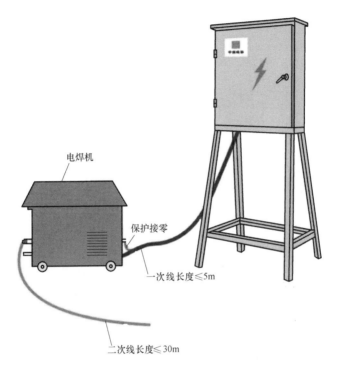

电焊机

保护接零

一次线长度≤5m

二次线长度≤30m

开关箱及电机设置示意图

说明：电焊机变压器的一次侧电源线长度不应大于5m，其电源进线处必须设置防护罩。电焊机二次侧焊把线应采用防水橡皮护套铜芯软电缆，电缆长度不应大于30m。电焊机外壳应做保护接零。使用电焊机焊接时必须穿戴防护用品，严禁露天冒雨从事焊接作业。

080223 重复接地与防雷

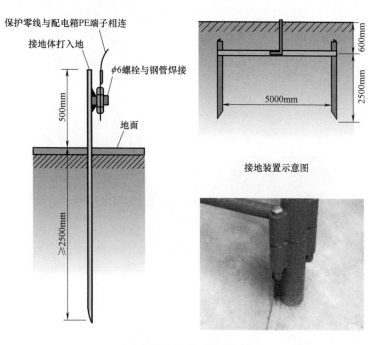

重复接地与防雷示意图

说明：每一接地装置的接地线应采用2根及以上导体，在不同点与接地体做电气连接。垂直接地体宜采用2.5m长角钢、钢管或光面圆钢，不得采用螺纹钢；垂直接地体的间距一般不小于5m，接地体顶面埋深不应小于0.5m。接地线与接地端子的连接处宜采用铜片压接，不能直接缠绕。